ACCEPTANCE IS A
BETTER START

接受，是变好的开始

晓艾／著

中国华侨出版社

前言

　　接受，是生命中一堂很重要的功课，学得好的人会活出自在和坦然，学不好的人会让自己陷于计较与阴郁的雾霾中。

　　想想是不是这样？人生有千百种滋味，品尝到最后，也许只留下一种滋味，那就是无奈。爱的人离开，亲的人离世，喜欢的人不能在一起，以及自己的出身、相貌和天分不够出色。在这些"无奈"面前，只要"接受"这门功课没毕业，我们依旧还会像个孩子，为失去而伤痛，为拥有而焦虑。

　　当世界无法改变时，我们就改变自己。接受，虽说是一种无奈，却也是一种必然，它不是我们自己可以预料和掌控的。但接受的态度和方式，却是我们可以选择的。接受，意味着我们承认现实，但并不意味着逆来顺受或束手无策。不同的态度，不同的方式，我们的感受会不同，事态的发展也会不同。失去亲人，是对痛苦的接受，但并不意味着我们终日以泪洗面，我们可以选择坚强，我们可以继续亲人未竟的事业，了却亲人未了的心愿；接受深爱的人离开，并不意味着对真爱的怀疑，而是把曾经的美好酿成陈年甘露珍藏在记忆深处，放手，才能全新地开始；接受失败，并不意味着退却，从此心灰意懒，我们可以总结教训，可以东山再起⋯⋯

我们每个人都希望拥有完满的人生，但世界上没有绝对完满的东西。有缺憾才够完整，不完满才叫人生。所以，学会接受，这会让我们变得成熟，变得坚强，让我们的人生少点彷徨，多点力量。

本书以暖心的文字，与读者一同分享"接受"给我们人生带来的诸多好处。通过生动的例子，将生活的真谛娓娓道来：如同生命中的一切花朵都终会凋谢，不可挽回，我们不得不把人生的一切缺憾随同人生一起接受下来，认识到了这一点，我们心中就会产生一种坦然。当我们坦然于无奈，无奈就成了一种境界。不用去追问生命到底还要经历多少颠簸，因为无论是顺境还是逆境，生活始终有它的规律，该来时来，该去时去。我们只需以一颗坦然的心，乐观、豁达地去面对。

请记住，接受，会让你的人生开始变好。

目 录

第三辑　总有一天，我们会破茧成蝶

第四辑 即使一无所有，也要努力追求幸福

第五辑 不纠结于过去，亦不忧心未来

第六辑　爱对了是爱情，爱错了是青春

第七辑　你不珍惜的，一定会失去

第八辑　你对世界张开双臂，总会有人来拥抱你

第九辑　改变，从停止抱怨开始

第一辑

有时，接受是
面对人生的最好态度

你，我，他……芸芸众生，每个人都有着不同的生活轨迹。我们看了别人眼前的一马平川，再看着自己眼前的荆棘小径，于是，抱怨上天不公，觉得自己好像走上了一条越来越崎岖的不归路。实际上，老天给每个人都安排了幸福，只是，这些幸福有的藏在遗憾中，有的藏在挫折里……

当我们面对自己不满的一切时，不去抱怨，不去哀叹，而是选择接受，选择试着去理解，那么，真正属于我们的幸福便开始了。

/ 完美，只存在于触不到的远方 /

有一个旅人，四处游历，想寻到一处最美的风景。他跋山涉水，尝尽了许许多多的苦楚，却仍旧没能找到一处令他满意的美景。有的地方水很美，但水中突起的礁石却有些煞风景；有的地方沙滩很美，但漫步其中，却被藏在绵软细沙中的贝壳硌了脚……

当他快要绝望的时候，终于在遥远的海面上看到了一座朴实无华的小房子，这座房子称不上精致，却有一种自然风韵。房顶上的杂草让这座房子看起来充满了美感……虽然这不过是海市蜃楼，却让这位近乎绝望的旅人热泪盈眶。这座房子的一砖一瓦都是那么完美，看着这虚幻的景色，旅人久久不能言语……

在看到了这样的景色后，旅人毅然决然地踏上了归途，经过了漫长跋涉，他终于回到了自己的家——一座房顶上长着杂草的小房子。

命运或许跟这个旅人开了一个玩笑，但结果还是好的，至少他看到了人生中最美的风景。

屋顶上长着杂草的小房子真的就是最美的风景吗？当然不是，旅人眼中最美的风景并非现实中的家，而是海市蜃楼中的幻影。完美，其实就是如此，它并非不存在，只是不存在于现实中。

漫漫人生路，我们每个人都是旅者，一路上我们都在追寻着最美的风景。但是我们每个人又各不相同，对美的标准也不一样。有些人想要寻找到完美，却穷尽一生都没有找到。这样的人，不过是因为过于理想化，因而越来越绝望。

其实，世上并没有完美无瑕的事物。就像光和影共生，硬币有正反面一样，没有完美的事物，更不存在没有缺点的人。即便是幸福，也是有时限的。倘若有一天，我们的生命结束了，那么属于我们的幸福也就走到了尽头。因而，在有限的生命当中，我们更不能荒废时间去追求根本就不存在的完美。

从前，有一个谨小慎微的人，不管做什么事情，他都考虑再三，想要准备万全。但凡有一点点不确定因素，他就会拒绝去做。因为在他看来，没有什么比不能够掌控局面更加糟糕的了。在他看来，去做不确定的事情，然后遇到麻烦，无异于自讨苦吃。

就是这样的一个人，偏偏有一个喜欢四处探险的朋友。有一次，他的朋友想要出海，觉得茫茫海上，一个人太过孤独，于是邀请他一起前往。这个人第一次因为去或不去产生了犹豫。他想要去，因为他从未出过海，不曾见过海上的美景，而且他有一个冒险经验丰富的朋友陪着，应该不会有什么大的差错；但是另一方面，他也担心起来，虽说朋友经验丰富，但喜怒无常的大自然谁又能说得准呢？如果突然遇险，那么他可能会葬身鱼腹。

看到他纠结的样子，朋友无奈地摇头，说道："没有什么事情是万全的，计划还赶不上变化呢！可是人生不就是因为这些变数才丰富多彩的吗？如果你那么害怕危险，为不一定发生的事情而恐惧，那还不如出生就躺在床上，就这么过一辈子，这样你就可以高枕无忧了。"

朋友的话确实有道理，这个人觉得自己从来没有离开过家去很远的地方，不如就听朋友的建议，冒一次险。

两个人出海那天，艳阳高照，微风拂面，感受到海风的吹拂，他觉得朋友说得没错。他想，这次旅途应该是非常完美的。然而，当他们进入深海地带时，风浪渐渐大了起来，吹到脸上的风甚至给人带来了痛感，而且船身也开始摇晃起来。从来没有涉险经历的他有些恐惧，甚至有些后悔，如果没有出海，他就不会遇到这样的事情。

似乎知道他在想些什么，朋友出声安慰道："别担心，出海难免会遇到风浪，这是常有的事情。"听到经验丰富的朋友这样说，他稍微有些安心。过了不久，果然就像朋友说的那样，风浪渐渐平息下来，静谧的海面上有海鸥飞过，听着海鸥的叫声，看着远处的太阳，他若有所思。

当两个人回到岸边之后，他握着朋友的手，说："虽然这次遇到了一点点风浪，但却是一次难忘的经历，在刺激当中，我也看到了最美的风景。"

生活就如同出海探险，有风和日丽的美景，也有暗涛汹涌的危险。然而，不管是哪一种经历，都是我们人生中必不可少的组成部分。再谨小慎微，也不一定能够寻求到完美。每个人都是上帝咬过一口的苹果。如果我们刻意去追求完美，那么我们只会荒废人生，最终一无所获。

我们眼中总是看着远处的高山，为了追寻所谓的完美制高点，却错过了身边的风景。当我们真正征服曾经眼中的高山时，又会发现，其实它和山下没有什么差别，一样是被我们踩在脚下的。而且当我们登上一座山，又会看到更高的山。我们又为什么总是这山望着那山高，把大好年华都用在奔跑、追逐到达不了的地方上呢？

脚踏实地才是最重要的，身边的景色不论美丽与否，都是实实在在围绕在我们周围的。远处的虚幻固然美丽，但那也不过是因为在触及不到的远方，所以才向往。既然如此，我们又何苦逼迫自己去追寻呢？淡然一点，接受眼前的景色，至少我们感悟到了生活，享受到了幸福，不是吗？

金无足赤，人无完人，不完美才是真实的。真正的精彩不是找到了完美，而是发挥了自己的长处。所以，不要去苛求抵达不了的远方，着眼当下，尽力做好每一件事，用心去过每一天，才能淡然看风起云涌，花开花谢，度过完满的一生。

/ 懂了遗憾，就懂了人生 /

曾经有一部风靡一时的影视剧，剧中的女主角最后对男主角说："我会坐末班车离开，如果你选择了我，那么就来找我；如果你选择了她，那么离开就是我的回答。"男主角犹豫再三，最终在末班车开车之前如约来到了车站，然而女主角却坐了前一班车离开……

故事的结尾让无数人流下了惋惜的眼泪，觉得编剧实在是折磨人，让一对本来相爱，甚至有机会相守的眷侣咫尺天涯。可是，也正是这样的一个结尾，让一个故事有了现实的延伸。

相濡以沫，不如相忘于江湖。爱情故事，正因为有了遗憾才唯美。生活不是电影，却是电影的取材地，我们可以为电影编写许许多多让我们觉得美满的结局。但有时候，完美的结局反而没有真实感，有一点遗憾，反倒是给故事增添了一抹明艳的色彩。

《情书》当中的藤井树，因为暗恋自己的人去世才知道了多年前他对自己的一份情，所以耐人寻味；《泰坦尼克号》因为杰克的牺牲，所以海洋之心记载的爱情才倍显珍贵。电影如此，生活更是如此。深藏在我们记忆深处的，往往不是那些平淡又安然的日子，而是那些让我们感到遗憾的时光。

从前，有一位德高望重的教授，他在学校里受到全校师生的爱戴，家里有贤妻和儿女。他的孩子们都非常优秀，在所有人看来，他的生活都很美满。当然，教授自己也不否认这一点。但也许就是由于生活太过美好了，他开始回忆起自己童年的梦想来。

其实，这位教授童年时的梦想并不是在学校里教书，而是成为马戏团里的驯兽师，和动物朝夕相处。当日子平淡如水的时候，这位教授再次想起了曾经的梦想。既然现在的生活已经很圆满了，为什么不放下这一切，重拾儿时的梦想呢？如果儿时的梦想也能实现，那自己的人生岂不是完美无憾了？

想到这里，教授便不再犹豫，毅然决然地辞去了学校里的职务，甚至没有和家人商量，便一意孤行地开始了驯兽之路。当教授的妻子得知这一切的时候，已经晚了，来不及阻止丈夫的她只得以离婚相要挟。但教授仍旧不为所动，最终，妻子不得不离开他，带着孩子们回了娘家。

妻子的离去让教授有些孤独，但他仍旧选择了梦想。有时候，选择总是需要付出一些代价的，不是吗？这样说服自己的教授全身心地投入到驯兽学习中去。他从养动物开始，到驯虎豹，经历了漫长的时光。终于，在他花甲之年的时候成了一位驯兽师。

在舞台的灯光下，动物们按照他的指令做出各种各样的高难度动作，这也为他赢得了无数的掌声与喝彩。然而，在耀眼的灯光中他热泪盈眶，甚至看不清台下观众的面孔。他自然也不知道他们眼中是否有当初自己学生与孩子那样对他的崇拜。

舞台总有落幕的时候，当灯光暗下来，所有观众都离场后，孤独感再次包围了他。教授开始怀念起曾经两点一线的平淡生活，怀念起妻子在家相夫教子的样子，怀念起自己上课时意气风发的模样，怀念起自己解决难题后孩子与学生崇拜的眼神……然而，这一切也只能容他怀念了。

想象，总比现实美一点，相逢如是，离别亦如是。当现实的情形与想象中的情形有差距时，遗憾便产生了。故事中的教授就是如此。没有谁能够说他的选择究竟是正确还是错误，因为他毕竟完成了儿时的梦想。

但是，教授的经历也多少让我们感到有些悲哀，因为不论选择与否，遗憾都无法消除。梦想曾经是教授心中的一个遗憾，当他选择弥补的时候，又失去了曾经的安然。虽然有些难过，但这就是生活。

其实，有遗憾的生活不能说是悲哀的，反而是一种美好。有了遗憾，人生才足够真实，有了遗憾，老去的时候我们脑海中才有鲜明的回忆，供我们慢慢品味。遗憾或许令人落泪，但也令我们的心灵更加温柔。

世上再没有一种东西，能够像遗憾一样，让我们如此快乐，却又如此忧伤。只要我们还有一双眼睛，这眼睛里装满了如洗的碧空，天蓝得让瞳仁里满是细碎的小蓝点在跳跃，人生就依然有希望。那已逝去的无数个遗憾，点缀了平淡的日子，涟漪过后，更留下点点余韵，回味无穷。

没有无法割舍的东西，只有不愿接受遗憾的人。美好的东西总是太多，我们无法全部收入囊中，看着自己所拥有的，生活依旧在继续，幸福也依旧存在。

千利休是日本著名的茶道大师，有一次，他要自己的儿子去打扫庭院。大师的儿子非常认真地做着一切，他将庭院的石头台阶清洗了三遍，把庭院的石灯笼擦了又擦，一点浮尘都没有留下。之后他又将地上的落叶收拾干净，树木也浇了水。当他觉得一切都很完美的时候，千利休却摇了摇头，说道："你这哪里是打扫庭院，你的打扫就像是有洁癖。"

说完后，他走到树下，使劲摇了摇树干，本来一片洁净的土地登时多了好多金黄色的树叶。看着儿子不解的眼神，大师解释道："打扫庭院不仅仅是要清洁，也要保留自然之美。"

生活就是如此，真实的就是美好的，我们无须刻意去改变什么。遗憾既然存在，那么我们就坦然接受，也唯有如此，我们才能看到人生最完整的样子。

生命不过沧海一粟，聚散离首，由不得我们选择，既然如此，何不抛下不甘心和不情愿，任生活轨迹带着我们前行呢？有了遗憾，才是人生，懂了遗憾，也就懂了人生。有些事情，没有经历过，我们永远不知道它的奥秘。所以，在遗憾面前，不妨张开双臂，拥抱它，品味真实的人生。

/ 吃不到的葡萄，也许本就是酸的 /

狐狸路过了一个葡萄园，园子里满是高高的葡萄架，正值葡萄成熟的季节，葡萄藤上缀满了紫水晶一样的葡萄，看起来格外诱人。这时，一只狗从狐狸身旁经过，随着狐狸的视线看去，也发现了可口的葡萄，那诱人的色泽和香味，让狗忍不住吞了吞口水。

"真没出息，你看着葡萄流口水的样子真丢人。"狐狸侧目。

"难道你就不想吃吗？"狗也不服气，明明是狐狸先驻足去看的，它不相信狐狸对葡萄就没有食欲。

"我才不会觊觎我得不到的东西呢。"狐狸满不在乎地回过头。

正在这时，一只鸟儿飞到了葡萄藤上，开始吃起了美味的葡萄，一边吃还一边对着狗和狐狸炫耀。狗急得团团转，而狐狸则满不在乎地走开了。

"你怎么不生气啊？它能吃到难道你就不会不甘心吗？"狗在狐狸身后大喊。

"吃不到就吃不到，说不定葡萄架上的葡萄都是酸的。"说完，狐狸就再也不回头地离开了。

听过这个寓言的人太多太多，不过大部分人都把狐狸丑化了，觉得狐狸是在为自己开脱。但是换一个角度来看，不为自己得不到的东西而焦躁又有什么不对？既然得不到，那么就给自己找一个理由不去留恋，反而能够让自己看到美好的一面。

"如果我也那样就好了……"在生活中，耳边偶尔会响起这样的声音，面对自己渴求却求而不得的东西，人们往往会发出羡慕的感叹。但是，这样的羡慕深了，就会转变成忌妒，进而变成不甘、愤恨，在种种情绪的压抑下，我们离原本那个淡然的自己就会越来越远。

都说得不到的永远是最好的，既然得不到，又何苦去追求呢？人有所追求并没有错，但人们也习惯于在追求前就加上一个最好的结果，既然要追求，那就要得到，没有人是为了失败而生的。可是，又有什么是注定属于我们的呢？

从前，有一个农夫，虽然没有广阔的土地，但他有一个温暖的家庭。虽然没有大笔的财富，但是粗茶淡饭也不至于挨饿。过着这样的生活，农夫的妻子没有什么不满，农夫过得倒也安然。

有一天，农夫到山中去砍柴，遇到了一个衣衫褴褛的人，此时他正被一头野猪追赶。善良的农夫马上出手相助，用手中的镰刀赶走了野猪。当危险过去后，农夫才仔仔细细地观察起眼前的人来。这个人虽然衣衫已经被树枝刮破了，满脸的脏污，但是从他身上的衣料来看，应该是一个有钱人。

果然，通过聊天，农夫得知他是一个富翁，因为在林中迷了路，才遇到了危险。为了报答农夫，富翁便请农夫一家去自己的家中做客。

富翁有一座大房子，房子周围还有广阔的土地，家里还有好多佣人。看着眼前的这种生活，农夫第一次对自己的生活感到不满。农夫不禁抱怨道："唉，你有这么广阔的土地，一点都不用担忧自己的生活。我却还要租种别人的土地，真是天差地别呀。"

富翁想了想，便对农夫说道："我可以送你一块土地，就算是报答你的救命之恩。这样吧，明天你就选出一块你中意的土地，然后它就属于你了。"

听到富翁的话，农夫觉得生活似乎可以出现转机。于是第二天一大早，他就出发去选土地了。一路上，他都想象着自己拥有土地后的样子，那个时候，他也可以不用操劳，天天享清福了。经过了一整天的勘察，农夫选了一大片土地，比之前自己租种的土地大出好几倍。而富翁果然守信，将那一整片土地都送给了农夫。

按理说，农夫可以过上安然的生活了，可事实却是农夫更为头疼了。因为土地的面积太大，农夫自己忙不过来，需要雇佣工人，而他如果不监视，工人就会偷懒。所以他每天不得不和工人一起出工，有时很晚才回家。遇到收成不佳的年头，农夫还得为了工人的工资而发愁……

这样的日子，即便是每天鸡鸭鱼肉，农夫也食之无味。虽然现在他的生活好了，可是他也更加辛苦、忙碌，农夫不禁后悔起来，他怀念曾经粗茶淡饭却简简单单的生活。

有时候事情就是这样，我们这山望着那山高，不满足于自己的生活，却渴求那些不曾涉足的领域，一味地追逐，不愿放手。但最终，往往就如同故事中的农夫一样，当付出了能够付出的一切后，发现得到的东西并不如想象中那般美好。

其实，人生当中有些东西注定是不属于我们的，在有限的生命当中，我们自然只能得到有限的东西，但如果总觉得别人拥有的比自己的多，比自己的好，不甘心，那么最终只会失去原本属于自己的一切。

我们还年轻，应该要拼搏，才能在回顾人生的时候没有遗憾，但是，我们能够得到的是有限的，所以要懂得取舍，那些太过缥缈的东西，对于我们而言是得不到的东西，那么就放掉，以免被压得透不过气来。

许多美好的东西不是因为美好才得不到，而是因为得不到才美好。我们不要过于美化那些得不到的东西，学会接受事实，给自己一个放弃的理由，告诉自己：吃不到的葡萄，或许本就是酸的。这样，我们才能心无旁骛地去感受属于自己的美好。

/ 失去的，已不再属于你 /

罗杰和安妮是一对让人羡慕的情侣，两人从学生时代就相爱了，形影不离的两个人就像连体婴一样。毕业之后，两个人进了同一家公司。工作之后，两个人的世界便不再只有谈情说爱了，还要面对未来的挑战。两人本以为进入同一家公司就能形影不离，但安妮在公司的人事部，而罗杰进入了公司的销售部。

两个人的工作都非常忙碌，往往只有下班之后的时光才真正地属于两个人。安妮的工作是处理大量的文件，每天整理这些文件，让安妮有些疲惫不堪，她习惯于依靠罗杰，可罗杰作为一个新人，想要开辟自己的事业，就要加倍努力，每天回家都很晚。这让两个人之间的距离有些疏远起来。但安妮相信，他们还是相爱的。

可是，就在两人相恋的第七个年头，分歧还是不可避免地产生了。罗杰有一个驻外的工作机会，这个机会非常难得，罗杰希望安妮和自己一起到另一个城市去；而安妮此时的工作已经非常优秀了，离开则意味着重新开始。就这样，两人产生了矛盾。最终，罗杰自己去了那座城市。

在新的城市里，举目无亲的罗杰遇到了另一个女孩，这个女孩和他做着同样的工作，给了他不少帮助，在这样的环境下，罗杰渐渐控制不了自己的感情，爱上了那个在他最需要帮助时伸出了援手的女孩。

于是，罗杰和安妮提出了分手。安妮非常伤心，但仍旧接受了这个事实，甚至没有挽留罗杰。安妮的朋友知道后非常不解，便问道："你们那么相爱，为什么就这样放手了呢？"

"如果他还爱我，那么就不会和我说分手。既然他提出来了，那么就证明他的心已经不在我这里了。我强留还能留下什么呢？要他的同情还是留恋？"

有时现实总是有些残忍，我们努力去争取了，得到了，但最终仍旧会失去，就像安妮一样，非常相爱的两个人，仍旧逃不脱现实。可安妮是聪明的，她明白失去的就已经不属于自己，所以选择了放手。

安妮失去了男友，但并没有失去爱情，她的人生还很长，失去了，只能证明良人未至。

其实，爱情就像手中沙，握不住的时候怎么用力都没有用。爱情如此，人生中其他的事情亦然。面对失去，硬逼着自己去挽回，除了丢失更多的东西之外，不会有任何改变。与其如此，何不试着放下，接受已经失去的事实，创造新的机遇呢？

迈克·莱恩是一名探险队员，在 20 世纪 70 年代的时候，他曾跟随英国探险队征服了世界第一高峰——珠穆朗玛峰。

虽然这是一次伟大的探险，但也给他留下了终身不愈的伤痕——他失去了十个脚趾和五个手指尖。当他回想当时的经历时，比起那些风和日丽的日子，他记得更清楚的是在山上遭受的苦楚。

他们当时成功登顶，并没有遇到什么危险，本来一行人非常开心，却没想到在下山的时候遇到了暴风雪，而且持续了很长时间。当时的他们面临着两难的选择：如果安营扎寨，那么他们就要冒着被饿死的危险，因为当时他们的食物已经不多了；如果继续前进，那么他们也面临着死亡的威胁，因为前方的路已经被大雪覆盖了，而且他们身上所背负的行李会给他们的前进增加难度。

最终，迈克·莱恩做出了一个惊人的决定——丢掉所有的行李，只留一些食物。对于这个冒险的决定除了他之外所有的人都不赞同，毕竟这太危险了，如果丢掉设备和行李，那么他们在到达安全地带之前都不能扎营休息，除了身上的衣服之外没有任何御寒的东西，如果休息的话也可能会被冻死。但是迈克·莱恩告诉队友们："我们只有这一种选择，再等下去，雪也不会停，路标也会被埋住。没有了行李，我们就能抛除杂念，加快前行的速度，说不定还有生的希望！"

就这样，最终一行人放弃了行李，开始了艰难的归途。在路上，抱怨的声音不绝于耳，有人说："好冷啊，如果那条毯子还在就好了，不该扔掉它。"有人说："唉，如果我把氧气瓶留下就好了，这会儿好想吸上一口氧气。"每当听到这样的抱怨时，迈克·莱恩都会说："那些已经不是我们的东西了，我们没有这些，所以不要留恋了，专心地看着前面的路，这可不是旅行。"

就这样，最终经过八天的时间，一行人到达了安全地带，而迈克·莱恩的脚趾和五个手指尖也因为低温坏死了，最终不得不选择切除。

不过他并没有沉迷于痛苦，对于他来说，安全地归来才是最重要的。

留恋不能让时间倒退，悔恨也不能让我们回到做选择之前，我们的人生轨迹都是由自己的一个个选择拼接而成的。既然是我们自己的选择，又有什么理由不去接受它所带来的结果呢？

失去，是我们每个人都不愿意却又不得不接受的现实，既然不能改变，那么就换一个方向，重新出发。

有时，放弃是精神上的量力而行。明知已经失去，何必苦苦相求？明知无可挽回，何必硬撑着去做呢？放弃需要明智，该得时你便得之，失去时你要坦然。塞翁失马，焉知非福？不属于你的，就坦然放弃，说不定你会在放下失去的东西时，得到新的指引。

/ 抛却烦恼，感受生活的温度 /

世上本无事，庸人自扰之。简单的道理，我们却往往无法理解。我们规划着自己的人生，却也难免在前行的路上遇到各种各样的困难和变数，这种时候，我们往往会被烦恼所扰。可是，事情已经发生了，烦恼，也于事无补。

从前，有一座山，山上有一座茅屋，茅屋里住着一个智者和他的小徒弟。这个徒弟觉得人生的烦恼实在是太多了，所以才选择了归隐山林。徒弟本以为这能让他远离困惑，却没想到自己仍旧每天活在痛苦当中。

智者看到无法静心的徒弟，便问道："你在烦恼些什么呢？"

"师父，我以前时常在想，为什么我出生在普通家庭，而有人却生在大富大贵之家。我想要扔掉世间的一切困惑，可是来到了山间，我却觉得这些仍旧存在，有的人过得开心，有的人过得烦恼。我理解不了的事情，别人却能够开悟……一切的一切，都折磨着我。"

智者笑了笑，问道："那么现在你抬头，能够看到什么？"

"天空。"小徒弟不知道智者想要说什么。

智者看着小徒弟，继续问道："那你觉得天空是不是广阔无垠？"

小徒弟点了点头。智者笑了笑，伸手遮住了小徒弟的眼睛，问道："那么现在呢，你能看到天空吗？"小徒弟茫然地摇了摇头。

智者说道："天空如此广阔，却能够用一只手遮住。你说它究竟是大还是小呢？其实，生活中的烦恼就像手掌一样，看上去虽然小，但如果总是把它放在眼前，总是去想，那么天空再美，你也看不到它的湛蓝。你会因为一点点的烦恼而错失蓝天、白云和美丽的晚霞。"

听了智者的话，小徒弟若有所思。

小徒弟终于明白了自己烦恼的根源。烦恼的由来，只是因为自己放不下。因为放不下，于是它便慢慢放大，以致到最后遮住了整个天空。

烦恼的不是事情，而是我们的心情。我们就像故事中的小徒弟一样，放不下那一点点的烦恼，不能接受一点点的不顺心，所以将烦恼无限放大，大到遮天蔽日，看不见一丝天空。

其实，控制不了的事情是必然存在的，但是只要我们保持一种乐观的心态，用一种豁达的胸怀去容纳这一切，那么烦恼自然也就会慢慢淡去，不会出现在我们的视野之内。

度过了几十年的人生，谁能说过去过得没有一丝烦恼呢？小时候，我们或许会为了那些占用游戏时间的作业烦恼，为了无休止的考试烦恼；长大后，我们又为了未知的未来烦恼；工作后，我们为了家庭和伴侣烦恼；老了之后，又担心大限将至……

说到底，大部分的担忧都是已经发生和还未发生的，而这两点恰恰都是我们无法控制的，既然如此，我们为此烦忧是不是有些愚蠢呢？烦恼是避免不了的人之常情，我们无法躲避，既然如此，为什么不大大方方地接受这些呢？只要我们足够乐观，那么就可以笑着数完由无数烦恼组成的念珠。

有一年，一个青年的事业和家庭出现了双重危机，在这样的情况下，他选择了到山上去。山上有一个智者，经常帮人排忧解难，他想向智者请教如何远离烦恼。

可是刚到智者家的时候，这里清幽的环境并没有让他感到放松，生活的磨难仍旧像大石头一样压在他的心里。看到智者之后，他忍不住哭了起来，将自己近一段时间的事情全部倾诉出来。他想，智者应该会为自己答疑解惑的，可是，智者并没有如他所愿那样安慰他，而是拿来了一颗红枣和一块玻璃碎片，对他说道："你把这两样东西同时握在手里，要握紧你的拳头。"

青年不解，但还是照做了。因为玻璃碎片非常锋利，所以他没有用力去握。没想到智者看到后却说道："握紧一点，再握紧一点……"

青年不敢不从，用力握了起来，但马上他就忍不住松开了手，红枣和玻璃碎片都掉落到了地上。智者笑着捡起了红枣，玻璃碎片已经插入了红枣当中，而青年的手心也有了一道划痕。看着青年疑惑不解的样子，智者说道："其实，生活中的美好事物就像这颗红枣，烦恼就像是玻璃碎片。为什么不把碎片丢掉，反而要握在手中呢？不仅伤了美好的东西，还伤了自己啊！"

看着智者手中插着碎片的红枣，听着智者的教诲，青年心中的大石已悄然落下。

　　没有什么无法释怀的烦恼，只有不甘心烦恼找上门的我们。为什么我们理解不到烦恼是碎片呢？想要躲避烦恼，却又用力握紧了它，到最后必然会被伤害。想要释怀，那么就要把烦恼丢掉。

　　我们的心可以很宽广，在我们的心田设置一块圣地，用来埋葬我们的烦恼，又有何不可呢？智慧的人生，需要一种包容的豁达。万物皆有两面，我们享受它的美好，也要接受它带来的忧愁，只要我们把心放宽，拥抱生活，就能抛却烦恼，感受生活的温度。

/ 退一步，将前路看得更清楚 /

古时候，有相邻的两家，都是家大业大的人家。一家是当地有名的商贾，另一家则有人在朝廷当官。几年里，两家一直相安无事。

有一年，两家同时修缮房子，都拆掉了围墙。本来是自家盖自家的房子，没有什么关系。但在两家重砌围墙的时候，矛盾出现了。原来，是做商贾的那家在原有的基础上拓宽了三尺。虽说并没有影响到做官那家的围墙修葺，但却让为官的那家人不高兴了，于是两家便为三尺的距离吵得不可开交。

本来要好的邻居，却为了三尺宽的地方彻底不来往了，可是围墙的问题仍旧没有解决，没法继续开工，只得停在那里。为官的那家人看着堆在那里的砖瓦，心生不快，想来想去，便给在朝为官的孩子写了一封信，将邻居的"恶劣行径"一五一十地说了出来，想要儿子回家为他们主持公道。

没想到，等来等去并没有等到儿子归来，而是等来了儿子的一封家书。打开信件，里面并没有给他们出什么主意，只有短短的四句诗：

千里修书只为墙，

让他三尺又何妨？

万里长城今犹在，

不见当年秦始皇。

看过儿子的信件后，家人也觉得自己有些过于计较了，于是便将自己的围墙向后撤了三尺。让他们没有想到的是，邻居见他们如此不计较，也不好意思起来，于是也将自己的围墙向后撤了三尺。就这样，两家之间多出了一条六尺宽的巷子。为了将这个故事流传下来，巷子便取名为三尺巷。

各不相让、寸土必争的结果是头破血流；而一人退一步之后，便留下了一段美谈……如果一开始能够相互礼让的话，可能争执就不会发生，因为两个结局的好坏对比显而易见。可是我们往往懂得其中的道理，却无法说服自己按照这样的态度去做。

这个社会大环境里的竞争实在是太激烈了，人与人之间有意无意之时都会被人拿去比较。我们从小便习惯于在对比中过活，为了得到父母的夸奖、老师和同学的认可，努力去追，努力去跑，努力去超越……

可是，当追逐与超越成为骨子里的习惯时，我们便迷失了自己。争抢成了自己的一种本能，为了前进而前进。可是当我们被前进的欲望冲昏了头，是否还能看清前路呢？

在某座山上有一所院落，这座院子四周环境清幽，非常适合在这里静养。很多厌恶世俗、迷失方向的人都会到这座院子里小住一段时间，跟这个院子的主人—— 一个隐居的智者聊聊天，来平复心中各种复杂的情绪。

有一天，一个年轻人来到了院子里，他对智者说："我觉得我的人生很失败。"

"你还这么年轻，怎么就参透人生了呢?"智者问道。

"我几乎能够看到我的未来了。我非常努力，却一事无成。在上司面前，我尽可能地表现出自己的执行力，可机会往往不属于我。"年轻人越说越气愤，还有些无可奈何。智者并没有安慰他，而是答应了年轻人的要求，让他在这里住上一段时间。

开始的几天，年轻人总是抱怨自己的过去，无所事事。但过了几天后，他便安静下来了，毕竟在这座山中小院里没有人会和他一起抱怨人生。

一天，年轻人无事可做，便在院子里的石桌上画起画来。漫长的上午过去了，他的《龙虎斗》也接近完成。画中的龙盘旋在云端，做出向下俯冲的姿势，而地上的老虎则做出向上扑的姿势。虽说龙与虎的表情都非常生动，但不知道为什么，画面看起来仍旧缺乏动感。年轻人反反复复修改了多次，画面仍旧不够生动。

这时，在一边看了一会儿的智者走上前来。说道："龙与虎的外形和表情看起来都很有气势，已经不需要修改了。"

"那为什么画面仍旧不够生动呢?"

"那是因为你没有表现出它们的秉性来。要知道，龙在攻击之前，身子会弯曲，曲度越大，冲的力度越大，而弯曲头必然会向后缩;而老虎在向前扑的时候整个身体会向后缩，虎头会向下压低，这样就能跳得高。"智者指着画说道。

果然，经过一番修改，画作生动了很多。这时智者又开口了："其实，为人处世也是如此，想要冲得更远更高，就要学会向后退。"

年轻人听后，点头，似有所悟。

有时候，我们就像故事中的年轻人一样，遇到困难时总在想：这条路真难走，这种日子再也过不下去了。可是，在困难面前我们又并非真正的甘心，总在寻找着问题的解决方法，却不得要领。其实，此时的我们有可能需要退一步，就像想要看到一幅巨作的全貌，就不能离得太近，退后一步反而更为清晰。

人生充满了艰难险阻，有时如果环境需要我们后退，那么我们就顺应这股力量。在退后的过程中寻找沙漠中的绿洲。"退一步海阔天空"并非是一句空话。有退有进，以退为进，绕指柔化百炼钢，才是生命的大境界。

/ 归于平静，幸福便开始了 /

当我们身处喧嚣中心，每天在车水马龙当中穿梭、追赶之时，难免会想要离开。此时的我们或许会期待一场说走就走的旅行，带着相机，背着背包，到那些远离喧嚣、烦恼的地方，去品味一下人生，去感悟一下自然，去看看那么大的世界……

可是，"采菊东篱下，悠然见南山"那样安逸静谧的田园生活，抑或是"面朝大海，春暖花开"那样洒脱诗意的浪漫生活，往往只是我们心中一种美好的期待，只能供我们仰望，却无法去触碰。

我们想要归隐山林的静谧，却又放不开身边的种种。说到底，乡村茅屋、山林海滨，人们始终逃不过自然和宇宙赋予他们的一切。我们渴望着桃花源，却又求而不得，这让我们陷入一种矛盾与绝望之中。

可是，桃花源是现实中的存在，还是我们内心的一个幻境呢？

从前，有一个年轻人，他去在山中隐居的智者家休养。对于他而言，生活的压力实在是太大了，他从上学的时候开始，便不由自主地随着大家的脚步奔跑起来，每个人都在力争上游，在这样的大环境当中，他也不得不去竞争，如果有一刻的懈怠，那么他就会被超越。在他还很小的时候，父母就告诉他，原地踏步即是后退，身边的每个人每天都在前进着，如果不加速奔跑，那么就会被别人超越。

年轻人在父母的指导下开始努力学习、努力工作，处处力争上游。从过程来看，他通过努力得到了旁人羡慕的一切，优异的成绩，好的工作，高的薪资，这一切都应该是圆满的，然而，年轻人却觉得自己并不开心。

时间久了，他开始不堪重负。在朋友的建议下，他决定暂时放下工作，去山中休养一个月，而且还和朋友约定好，不会因为工作的事情突然结束假期。然而，年轻人觉得并没有什么用，他依旧不能安下心来。

这天，年轻人接到了助手的电话，说他的竞争对手现在在接洽前段日子他在谈的客户，这让年轻人十分烦躁，但是他又觉得自己现在没有心思去想这件事，于是便直接关机了。他想要到林中去冷静一下，可是却偏偏被知了的叫声弄得更加心烦意乱。

"你在烦恼些什么呢？"正好路过的智者见到年轻人烦躁的样子，不禁问道。

"刚刚我的助手给我来电话，跟我说我的竞争对手在挖我的客户。"年轻人想起就有些烦躁。

"那么你要不要回去解决呢？"智者笑着问。

"不，我决定给自己放一个月的假，不去想烦心事，所以把手机都关掉了。"

"既然你做了决定，还在为什么而烦躁呢？"

"我想到林中散心，却被知了叫得更烦了。"年轻人揉了揉自己的太阳穴。

"那你捂住耳朵试试看。"

果然，年轻人按照禅师的方法做了之后，就听不到烦心的蝉声了。

随后，智者示意年轻人拿掉捂住耳朵的双手，说道："其实，扰你的不是环境，而是你的心啊。"

说完，智者就笑着转身离去了，年轻人在原地沉默不语，他现在觉得，耳边的蝉声其实也没有那么吵人了。

就像智者所说的那样，心不宁静，那么即使生活在桃花源中也不会感受到真正的宁静。想要过宁静的生活，与其千辛万苦求助于外物，不如回过头来反观自己的心灵，只有内心平静下来，你才能得到真正的宁静。

不忘初心，方得始终。话虽简单，但我们往往做不到，在物欲横流的社会中，我们时常被环境所引导，被别人所影响，开始去追逐，然而我们只能感受到奔跑的辛苦，却享受不到追逐的乐趣，说到底，是因为我们不能确定所追的一切是否真的是我们所需要的。

其实，生活很简单，我们需要的不过是幸福而已。可是我们却给幸福加了太多不必要的标签，我们不甘心别人住的房子比我们的大，不甘心别人的业绩比我们的高，所以烦躁不安，所以盲目追逐……

说到底，我们需要改变的并非环境，而是自己。我们有权去追求更好的生活，但那应该是我们真正想要的。而得到幸福，首先需要我们接受自己，接受眼前的生活。归于平静，我们才能冷静地判断哪些是自己想要的，才能感受到幸福的开始。

第二辑

所有的颠簸，

都是为了花开一瞬

命运就算颠沛流离，命运就算曲折离奇，其中总有它的安排。我们为了能够走上人生的巅峰而事事力争上游，但现实总像是在和我们作对一样，总有各种各样的磨难和失败相随。人生百味，我们尝遍了酸甜苦辣咸，但生活似乎还是不够满意，还为我们安排了无数次的挫折。这一切的一切，难道只是命运的玩笑吗？

　　成功的人接受了人生的诸多苦难，然后从中挣扎，最终才等到花开一瞬。所以，当苦难袭来，我们不妨淡然接受，也许，这正是成功之前的一块试金石。

/ 没有苦难的人生不圆满 /

有人说婴儿之所以生下来的第一件事是啼哭，是因为他要开始经受苦难了。当然，有人并不喜欢这样的说法，因为觉得太消极，然而，消极的并非是我们人生的经历，而是我们对待苦难的看法。

俄国作家列夫·托尔斯泰说过："人生不是一种享乐，而是一桩十分沉重的工作。"诚然，没有人愿意每日被苦难缠身，但在人生路上，不总是一帆风顺的，月有阴晴圆缺，人有旦夕祸福，这都是无法抵御的自然规律，有上升期，自然就有蛰伏期。当你面临苦难的时候，你是如何看待它们的呢？是觉得命运多舛，还是觉得自己获得了一个翻身的机会呢？

任何的苦难我们都可以看作是一个机遇，而事实上，很多人的成功当中都有苦难作陪。中国四大名著之一《红楼梦》的作者曹雪芹，出身名门，然而这本旷世著作的出世却是在他穷困潦倒之后；司马迁也是在接受宫刑之后忍辱负重写出了举世不朽的《史记》……并不是说苦难成就了他们，而是苦难磨炼了他们，让他们练就了坚忍，给了他们更丰富的人生感悟，所以他们对人生的看法更为全面，更加厚重。

松下幸之助号称"经营之神"，然而他在被赋予这个称号之前，并没有一个如同这个称号一般耀眼的背景。他出生于贫苦之家，在九岁——所有的孩子都还在接受教育的阶段便不得不为了家庭而打工，赚取生活费。而且，他去了远离家乡的大阪。

九岁，好多孩子还在父母膝下撒娇的时候，松下幸之助就不得不一个人到陌生的城市去，他的母亲甚至没有余钱买车票陪他一起前往，只能将他送到火车站，请求车上的乘客照顾这个年幼的孩子，而之后的一切，都只能靠他自己了。

但是松下幸之助并没有抱怨母亲、抱怨人生，而是开始了奋斗。他初到大阪的时候，在船厂的火盆店当学徒。那个时候的他，并不知道人生的走向，他只是想着活下去。

然而，当他第一次拿到店主给他的薪水后，他对人生的看法改观了。虽然当时只有一枚五钱的白铜货币，但对于那时的他而言，已经是一笔巨款了。正是这一点点希望，让他开始为自己奋斗。在日后的生活中，不管遇到怎样的困难，他都不会放弃，而是咬牙挺住，这正是他最后掌握自己命运的重要因素。

上天是公平的，他将苦难撒向人间的时候，也将财富和机遇同时给予了人们，只是这些机遇只有勇士才能抓住。勇气并非是天生的，而是苦难赋予的，当你面对苦难的时候，坦然接受，并想办法去跨越，自然能够享受到苦难之后的幸福，但若是被眼前的苦难吓倒，终日抱怨人生，那么你的一生永远都只能在苦难中徘徊。

看看周围，被父母保护得很好的人往往接受不了一点点的挫折，但挫折还是会在失去父母的保护时缠上身，这都是我们人生过程中必不可少的磨砺。如果我们一帆风顺地过完一生，那么在我们垂暮之年，能够回忆的还有什么呢？

有一个孩子，刚刚四岁的时候，就因为一场麻疹和强直性昏厥症差点离开人间，对于一个还没看过大千世界的孩子来说，这很残酷，但幸好他熬过了这一关。但是在他七岁的时候，又患上了在当时难以治疗的肺炎，为了治病，医生不得不对他进行大量的放血治疗……

童年的不幸并没有让他下半生一帆风顺，在他 46 岁的那一年，他因为牙床长脓疮而失去了所有的牙齿，然后是可怕的眼疾让他几近失明；50 岁过后，各种各样的疾病吞噬着他残存的健康，身体出现各种炎症，到最后声带也出了问题，连说话都做不到，只能靠他的儿子通过口型翻译他的意思。这样磨难重重的一生，他也只活到了 57 岁，而在他死后，他也没能安眠在一个地方，因为各种各样的原因，他的尸体被前后搬迁了八次……

在世人看来，这或许是最糟糕的人生了，但他的另一面却又向我们展示了最非凡的人生。他 12 岁就举办了首场音乐会，而且一举成名，轰动了世界。他的声名传到了国外，他的琴声也传遍了世界。他就是伟大的小提琴家帕格尼尼。

人们习惯于在苦难面前抱怨命运的不公，但是当我们看到比我们还不幸的人时，却会觉得自己幸运。其实，上天赋予我们的苦难是一样的，关键在于我们如何去看待。命运确实有些残酷，苦难面前，我们无处躲藏，只能默默承受，但也正因为这种苦难，我们才能变得勇敢，才能变得坚强。

所以，苦难固然会折磨我们，但也正因为苦难，我们才能不断成熟，能够面对挫折，拥有勇气和力量走得更远。只有弱者才会惧怕鞋里的细沙，在强者眼里，苦难是一颗能让人发光的珍珠。没有苦难的人生不完满，不管我们如何躲避，苦难都必将存在，所以，我们何不换一个角度去看待苦难，抱着一颗平常心去接受它们呢？

将苦难看作人生的一个中转站，它就不会那么可怕，我们便能拥有战胜它的勇气。当我们越过苦难，多年以后，我们会微笑着回望过去，会怀念着因苦难而战斗的日子……有回忆的人生，才是精彩的人生！

/ 棉花永远做不了磨刀石 /

关于成长，我们渴望有一个安逸的环境，有一个强大的背景……只要有了这些，我们就能很容易地得到自己想要的，就不用付出那么多的努力，就不用浪费那么多的时间……

可是，事实真的如此吗？我们真的能够说我们迂回的经历对我们没有用处吗？诚然，一个优越的环境、比别人超前的起点会让我们省下不少力气，但我们并不是在安逸之下迅速成长的！我们的心，就像一把刀，想要锋利，就必须用磨刀石去磨它，要让它放光，要让它的智慧体现出来，有时候和风细雨是不够的，完全顺着它是不够的，要让它难受。要知道：棉花堆里磨不出好刀来。

仔细看周围的那些成功人士，有谁是闭着眼睛优哉游哉地走到今天的？他们都经过了很多磨难，在逆境之中磨炼了自己，然后才取得了卓越的成就。

有一个成功的企业家，在谈及他成功的经验时，他却说起了小时候的故事。小的时候，他家庭条件非常不好，父母养不起他们所有的孩子，他很小就被抛弃了。有个老婆婆捡到了他。

老婆婆家的条件也不好，吃不好也穿不暖，为了生活，他不得不出去乞讨。老婆婆养了好几个孩子，他最小，却没有受到什么特殊的照顾。其余的哥哥姐姐有的打零工，有的卖点小玩意儿，而他所能做的就只有乞讨。每天他都要一大早出发，无论天气好与不好，他都要挨家挨户地乞讨，很晚才能回去……

这样的生活对于一个孩子而言实在是太苦了，他在委屈的时候，很想去跟老婆婆说，可是他又不知道自己应该怎么说，因为老婆婆也是实在没有办法才这样的。就这样，他日复一日地过着同样的日子。

有一天夜里，突然下起了大雨，他睡不着，听着外面的雨声，他似乎已经预见了明天道路的泥泞。本来在外面走上一天就已经很辛苦了，如果还要在泥泞的道路上行走，他不是太倒霉了吗？

想到这，他决定任性一次。第二天早上，该是出去讨饭的时候了，可他故意赖床不起。老婆婆在早上不见他出去，便到他的房间里去找他。进入房间后，入眼的就是床前的一堆破烂草鞋。显然，这些都是他穿破的鞋子，而示威的意思也很明显，只是老婆婆没有管这件事，只是问他："到了讨饭的时间，你怎么还不去呢？"

他见老婆婆没有提草鞋的事情，便说道："婆婆，我讨饭的日子过了一年多了，您看，这些都是我穿破的草鞋，这些鞋子应该比其他人一辈子穿烂的还要多，我想为家里省几双鞋子。"

老婆婆笑了笑，没说什么，只是示意他跟自己一起出去。老婆婆带着他来到了家门口的一条泥泞的小路上，问道："你想要做一个什么样的人？一辈子做讨饭的乞丐，还是想要出人头地？"

"当然想出人头地了！"

"那你看看你每天都经过的这条路，你能在上面找到昨天走过的痕迹吗？"

"昨天这条路没有泥巴，那么硬，怎么可能留下痕迹呢？"

"那你今天再走，能够留下痕迹吗？"

"当然可以。"

老婆婆笑了，说道："就像你说的，只有泥泞的路上才能留下走过的痕迹。这就像是我们人生中的困境，只有在困境中挣扎前行的人，才能在人生路上留下自己的痕迹。"

老婆婆说得没错，我们想要让人生精彩，就要留下经过的痕迹，而那些阻拦我们前进的泥泞，会成为我们日后奋斗过的证明！

确实，安逸的环境会让我们过得轻松，但也会消磨我们奋斗的意志。众所周知的方仲永，小时候他的天赋传遍十里八乡，但他的父亲并没有继续培养他，而是每天好吃好喝地放纵他，最终才有了《伤仲永》的故事。

著名的斯多亚学派哲学家塞内加曾说："烈火试真金，逆境试强者。"没有一把名刀是挖掘出的原石，所有的宝刀都要经过千锤百炼才能得到。我们要想成为宝刀，那么就要接受生活带给我们的磨难，只有经历这些绊脚石，我们的人生才能走得越来越高。

1984年，有一个新公司成立了，不过这个公司刚成立就遇到了经营与管理的双重危机。原来，企业的管理者不知道应该要做什么，他们又能够怎么做。

终于，一个机会出现了。那时，彩色电视是市场上供不应求的商品，于是他们便打算把握住这个机会，赚上一笔，帮助公司渡过危机。通过某种渠道，这个企业千方百计地从厂家拿到了一批货，他们想抬高价位再卖出去，可是，因为管理者搞不懂税金和成本之间的利润关系，所以在交完税后不仅没能大挣一笔，还赔了不少钱。

为了挽回损失，管理者只好到郊区进一些萝卜白菜，到企业门口卖给职工。可是这么做没有什么意义，他们又试着卖电子表和旱冰鞋，然而最后都以失败而告终。

一次又一次的打击不仅没有让这些管理者们失去信念，反而让他们越挫越勇。他们在不断地失败中吸取经验教训，重新出发，失败了就再讨论新的策略，改进不足之处。就这样，经过一次又一次的失败和讨论之后，他们终于达成了一个共识：稳扎稳打，才是做企业的首要任务。

于是，他们重新审视市场，然后制定企业的发展目标和方向，将重点放在企业团队的建设和管理上，他们创立了自己的理念和习惯，然后推广到整个团队，最后成了他们的企业文化。经过了 20 年的摸爬滚打，最终这个曾经无数次面临危机的企业，如今已经成为国内高科技产业中的佼佼者了。

这个企业就是联想集团。

我们都对成功有着渴望，但是我们却时常拒绝付出，拒绝生活给我们的打磨。这样，注定一事无成。只有善于借逆境增长自己智慧的人，才能够在苦难中成就大业。

　　古罗马政治家西塞罗在《论责任》中写道："顺利的时候，生活的河川会随我们的意愿流淌，但此时我们切不可骄傲自满，得意忘形。"如果我们从小到大都没经历过苦难，一直活在温柔乡里，那么我们只会沉溺，不会崛起。

　　不经历风雨，无法见到彩虹；不经历磨难，无法获得成功。先天的条件是无法决定的，但未来的生活却是需要我们自己把握的。凭借父母，我们可以成为王子公主，凭借另一半，我们可以成为王妃驸马，但唯独凭借自己，我们才有资格称王！

　　同样的起跑线，差距是在中途才出现的。我们若是想做一只安逸的兔子，那么注定庸庸碌碌，浪费自己的才华；但若是我们接受上天赋予的磨难，一步一个脚印，稳扎稳打，那么我们就能见到终点的光彩。

　　想要有所作为，那就要付出相应的努力，不要拒绝生活带给我们的磨难，在其中找到解决的方法，吸取经验，不断前行，我们才有可能成为旷世宝刀！

/ 人生百味，苦也需品 /

有一则新闻说，最近沙丘猫因为过度被捕捉，而面临灭绝。沙丘猫是非洲北部、阿拉伯半岛和西南亚特有的物种，这种猫有着大大的耳朵、浓密的毛发、小小的身材，非常可爱，所以人们便捕捉它们，然后运送到世界各地的宠物店去，卖到人家做宠物。

按理说，这样的环境应该会让这个物种的族群越来越壮大，为什么它们却面临灭亡呢？原来，这种猫只适合在野外生存，并不适合家养。虽然野外环境恶劣，觅食困难，可它们更向往野外的自由。

苦与甜如何选择？相信没有人会去"自讨苦吃"，但安逸的环境，往往有隐藏的陷阱。人生百味，苦也是其中之一，我们应该像沙丘猫一样，学会品尝生活的苦，找到人生真正的自由。

有道是"苦尽甘来"，唯有我们肯吃苦，才能体味到之后的甜，没有磨难的成功算不得真正的成功，只有拼搏而来的一切，才是真正值得我们感激的，才是日后我们能够回忆的。

不管我们是否愿意吃苦，磨难都会出现，我们只有摆正自己的心态，品味苦难，才能从中感悟到生活的真谛，才能不断积累经验，走上人生的巅峰。

　　当然，愿意吃苦是好的，吃得下苦是对的，但这并不意味着我们要一味地吃苦、蛮干，只有学会品味苦，从中找到我们需要的东西，才算懂了磨难的真正含义，我们才能迅速地成长起来。

　　愿意吃苦是一种态度，学会吃苦则是一种智慧。

　　从前，在一个伐木场有一个名叫浩克的伐木工，他是一个老实人，上班的时候没有丝毫松懈，总是努力地工作，从早上忙到夜晚，别人休息的时候他也在干活。然而，这样勤奋地工作并没有让他的收入比同事更高，他的薪水和同事们一样多。不过，浩克并没有抱怨什么，仍旧努力地工作着。

　　日复一日地努力，同样的日子过了几年后，浩克开始不甘心了。原来，伐木场新来了一个名叫亚当的年轻伐木工，这个伐木工每砍下一棵树后，就坐在石头上休息，他休息的时间比浩克长了不知多少，但是到月底的时候，他得到的工资却比浩克高。

　　浩克非常不开心，便找到了伐木场的老板，要求他给自己加薪。老板是这样拒绝他的：“我知道你工作很努力，但是浩克，我们是以产量来计算薪水的，几年来你的产量都没有变，我没有给你加薪的理由。当然，如果你能够砍更多的树，我自然是乐意给你加薪的。”

　　老板的理由并没能说服他，浩克非常不满，自己从早上干到晚上没有休息，他只能砍这么多树，怎么可能提高产量呢？就在浩克疑惑的时候，他无意间观察起了亚当。

　　亚当每砍一棵树就会坐下休息两分钟，但是在他休息的时候并不是傻坐着，而是在一边的石头上磨斧头，这样一来，斧头更加锋利，砍倒一棵树的时间就要比以往短上许多。浩克回想起自己上一次磨斧头的时间，便不再抱怨了。

愿意吃苦的心态是好的，但懂得吃苦的智慧更加难得。不是说在我们接受磨难、接受挫折后就意味着成功，我们只有从中体会到平淡当中不曾体会到的东西，才有成长的空间。

我们除了接受之外，还要学会去寻找，去挖掘，去品味，找到苦难的真正含义，从中总结出经验，如此，苦痛才会成为我们的奠基石，才能够帮助我们越走越远。

/ 只要有阳光，就一定还有希望 /

亨·奥斯汀曾说过这样一句话："这世界除了心理上的失败，实际上并不存在什么失败，只要不是一败涂地，你一定会取得胜利的。"简而言之，就是除了我们自己之外，没有人能够真正地打败我们。

心态显然是最重要的，我们怎样看待失败，决定着我们下一步的行动。所谓的强者，不一定在事业上非常成功，也不一定身材魁梧，而是有一个不会被打败的强大内心，而拥有这样内心的人，即便现在还不够成功，未来总有成功的一天！

回忆一下我们的生活吧，每天我们都走着同样的路，看着同样的景色，但它们的色彩却是跟着我们情绪的变化而变化的。心情好的时候，周围都是鸟语花香；心情不好的时候，鸟鸣也成了噪音。情绪，不过在我们一念之间，所以，别让悲观挡住了生命的阳光，只有当我们的心情晴朗起来的时候，世界才会是朗朗晴空。

一天，在一条缓缓流淌的小河边，站着一位少女。以远处看去，这就像是一幅画。但是如果有人走近，就会发现，这个女孩满脸绝望，想要跳河结束自己的生命。正当女孩准备跳河的时候，发现不远处有一名安静作画的老者。

少女顺着老者的视线望去，发现老者面对着一座荒山。少女不禁想道："看来这个老人比我还可怜，虽然是一名画家，但眼神真不好，这样一条脏脏的河，一座秃秃的山，有什么可画的？"

就在少女思考之际，老者也注意到了她，于是招呼她道："姑娘，要不要来看看我的作品？"少女的思绪被打断了，她想，反正跳河也不急于一时，就走了过去。

于是，少女来到了老者的身边。就在她看到画作的那一瞬间，自杀的念头被她忘得一干二净了。天呐！这是这里的景色吗？她从没见过这样美丽的景色！在老者的笔下，荒山成为了一座豪华的城堡，城堡里还有一位长着翅膀的美丽天使。就在少女怔愣的时候，老者将这幅画作的名字写在了右下角——生活。

少女看着这幅作品久久不语，她觉得现在的她轻松多了。过了好一会儿，老者又拿起笔来，在画上加上了一些黑点，一些看似污渍一般的东西，少女却笑了起来，说道："这是星星和花瓣吗？"

"是啊，美好的生活还需我们自己用心去发现。"老者也笑了。

其实，景色都是一样的，只是在心情不同的人眼中，景色也就有了不同的含义。我们的生活确实有一些让我们痛苦的黑暗，但这并不意味着我们的生活缺少阳光，只要我们愿意去寻找，总能够在苦中找到一丝甜，在困难中找到希望。

悲观心态带给我们的往往是一条绝路，因为悲观者认为不会有柳暗花明的一天，因此失去了生命的乐趣。

从前，有一颗悲观的种子，在一个秋天，它被吹到了泥土里。春天到了，这片沃土上的其他种子都开始借助阳光和水分竞相发芽了，唯有它，一直在土里窝着，一点发芽的意向都没有。

其他的种子便好奇地问道："你难得被吹到了这里，你知道这里的条件有多好吗？这里土壤肥沃，阳光和水分都非常充足，再没有比这更好的条件了，你为什么不赶紧破土而出，看看外面的景色呢？"

"我才不要呢，我发芽之后，别人就会发现我，说不定会踩到我，或者把我连根拔起。如果我继续成长，根就要继续往土里扎，说不定会被下面的石头硌到，还会有吃根的虫子。我觉得现在这样很好。"说完，悲观的种子便不再言语了。

就这样，它在土里一天天地熬着日子，看着自己曾经的伙伴长成了参天大树。没想到，有一天，一只老母鸡过来觅食，直接刨开了土壤，将它一口吞下肚了。

悲观种子的故事不得不说是一个悲剧，但这并非是上天赋予了它这样的一生，而是它自己的选择。我们和它是多么的相似啊！在一些选择面前，我们因为恐惧受伤和失败，一直裹足不前，然后当别人做成之后，我们又自怨自艾，认为自己活在一个悲剧当中。

其实，光和影同生，有光的地方必有影子，有影子的地方自然也有阳光，关键在于我们着眼在哪里。人生苦短，好与不好全在我们如何去想、如何去做。想要看到希望，就要从心里给自己一束阳光，如果我们觉得苦难也是快乐，那么苦难也能变成快乐；如果我们觉得我们还没输，那么就还有翻盘的机会！

乐观的心态是成功的源泉，是给我们生命带来温暖的阳光。如果我们问：希望是什么？悲观者会说是地平线，看得到却永远走不到；乐观的人则会说是天边的启明星，可以带领我们走向光明。

很久以前，在一个国家有一个非常聪明的大臣，这个大臣不管遇到什么事情，都会向着积极的一面去看，再加上他很有智慧，于是颇受国王器重。

但是，有一次，这个臣子却惹到了国王。原来，这位国王非常喜欢打猎，一天，他外出打猎的时候，不小心弄断了自己的小指头，这让国王非常痛苦，于是便召见这位大臣，想要问问应该怎么办。

没想到，这位大臣却一点儿都不着急的样子，还很镇定、轻松地说道："陛下，这可是一件好事啊！你可以往积极的方面去想。"这句话一下子就让国王不高兴了，他怒不可遏地说道："我断了指，你竟然说是好事！来人，将他关进大牢，没有我的赦免，永远不能出来！"

就这样，这位大臣成了阶下囚。而国王则在伤口愈合之后，再次带着大队人马外出打猎了。这次打猎国王非常尽兴，大家收获颇丰，但在高兴的时候，国王并没有发现，他们无意中进入了他国的国境。而此时丛林中正有野人埋伏。国王和大臣们不幸被捉了。

野人们的部族有一个惯例，就是抓来一群人的时候，就要用这群人的首领来祭神，以保证他们来年风调雨顺。这是一个野人们非常重视的活动，身为阶下囚的大臣们自然也无法救自己的国王。他们只能眼睁睁地看着国王被送上祭坛。就在国王和大臣们都绝望的时候，野人部族的祭司突然大叫了起来："天呐，这个人的身体有残缺，是个不完整的人，我们不能将这样的人献给神明。"就这样，国王因为缺失一段小指，而被祭司从祭坛上赶了下来，还被野人们驱逐出境。也使得国王终于能够回到自己的国家。当然，他的大臣们就没那么幸运了，有一个大臣替代"不完整"的国王成了祭品。

当国王逃回自己的宫殿之后，他想起了聪明大臣曾跟他说过的话，顿时觉得很有道理，于是他马上前往牢房，亲自将那名大臣接了出来，并对自己鲁莽关押他的行为表示歉意。聪明大臣依旧很乐观，说这对他而言并不是一件坏事。

国王疑惑不解，大臣笑着说："如果我没有在牢里，说不定现在已经在祭坛上了。"

有这样一段谚语："如果断了一条腿，你就该感谢上帝没有折断你两条腿；如果断了两条腿，你就该感谢上帝没有折断你的脖子；如果断了脖子，那就更没有什么好担忧的了。"

人生就是如此，没有什么过不去的沟沟坎坎，只要心存希望，就有站起来的机会。既然磨难已经来了，而我们又能够跨过去，还有什么伤心难过的理由呢？不用惧怕磨难，也不用担心失败，人生那么长，我们总有温暖的阳光，不要让悲观把它阻挡，我们要一路纵情歌唱；我们期待未来的快乐美好，不要让悲观把它阻挡，我们跳动的心灵一刻都不曾难过沮丧。我们要正视生命中的苦难，就像一位诗人所说的那样："即使到了我生命的最后一天，我也要像太阳一样，总是面对着事物光明的一面。"

/ 坚持到底，成功终将属于你 /

岁月很长，我们很难看到最终的结果，眼前的失败往往不是定局。

其实，失败和成功往往就在你的一念之间，你认为失败是结果，那么它就是你的结果，如果你认为这只是一个坎而已，那么就还有翻盘的机会。有太多的人习惯于在痛苦面前放弃坚持了，因为他们觉得这是最聪明的做法，但实际上，这是一种逃避心理。习惯于放弃，等同于不愿面对失败，但失败仍旧是现实，如果你接受眼前的苦痛，努力去经营，那么最终成功将属于你。

真正聪明的人，应该在困难的时候选择坚持和争取，这样，你才会有更多的机会。

关于松下幸之助的故事有很多。大家都知道，松下幸之助因为家境贫寒，他很小的时候就外出求职了。在他年轻的时候，曾到一家电器厂去求职。那时的他没有光鲜亮丽的衣服，身材也又瘦又小，所以主管便不想雇用他，拒绝他道："我们现在暂时不缺人，你一个月以后再来看看吧。"

通常人们都会明白，这是拒绝，但松下幸之助却在一个月之后又找上了门。虽然主管吃了一惊，但还是找到了第二个拒绝的理由。他说："我现在很忙，你过几天再来好了。"第二次拒绝仍旧没有打消松下幸之助的求职心，他如约在几天之后再次登门。主管见他不好对付，便实话实说了："你这样脏兮兮的形象没办法进入我们的工厂。"

一般人会因为这种话而失去信心，但松下幸之助马上借钱买了一身整齐的衣服，穿上新衣服的他又来到了工厂。主管见他不知放弃，只好说："我们的工厂需要员工有相关的电器方面的知识，这一方面你非常缺乏，所以我们不能录用你。"

主管认为这次松下幸之助会聪明地选择放弃，但他没有想到，松下幸之助在沉寂了两个月之后，又来到了工厂，并自信地说道："我已经学了不少电器方面的相关知识，您看我哪里还有不足，我会一点点地弥补。"

松下幸之助说完之后，主管认真地盯了他半天，叹了口气，说道："我在这一行工作了几十年，第一次遇到你这样的求职者。现在，你的耐心和韧性已经说服我了。"

就这样，松下幸之助终于得到了这份工作，并在日后通过自己不懈的努力，成为了电器行业的一个传奇。

失败有时是一种结果，但有时它仅仅是一次挫折。松下幸之助就是如此，他将这些挫折当作是自己的机会，一点点寻找自身的不足，通过努力纠正这些不足，不断调整自己，最终获得了成功。

古往今来，越是成大业者，其精神的力量越是强大。人生路上，失意和挫折在所难免。不是说成功者就能够一帆风顺，他们也会遇到各种各样的打击，关键就在于他们如何看待。没有什么成功是注定的，同样，也没有哪种失败是一定的。只要不放弃努力，那么就能够看到最终的成功。

我们都遇到过什么呢？被拒绝，被打击？这些并非是上天对我们的不公，很多人都遇到过这样的事情，但问题是，你如果接受这种结果，那么你就等同于承认了自己的失败。但如果你接受拒绝和打击，并从中找到自己的不足，那么你就有成功的机会。

接受不是放弃，我们要学会坚持。因为伟大和平庸之间只有一步之遥。跌倒了，没关系，我们要学会爬起来，屡败屡战，坚持到底，那么痛苦就会成为一种幻象，最终的成功才是我们看到的结局。

/ 失败，也有其存在的价值 /

我们常说"在哪里跌倒就从哪里爬起来"，因为跌倒并不是我们所要的结局，没有人是为了追求失败而奔跑的，我们所追寻的是成功。

当然，我们相信自己会成功，不代表中途就不会遇到挫折，不会面临失败。当失败在眼前的时候，我们又能够做些什么呢？嘲笑自己的自负，还是否定现实，抑或是责备自己不够努力？其实，失败，也有其存在的价值。

成功，能够给我们成就感，还有很多美好的回忆，但失败也并非一无是处，失败可以给我们一些警醒，可以让我们寻找自己的缺点，不断调整自己，让自己越来越强大，强大到可以战胜自己，取得成功。

杰尼和米拉两个人大学毕业之后，一起进入了某个杂志社工作。不过两个人的岗位不同，杰尼做了广告业务员，而米拉则成为了编辑部的编辑。她们所在的杂志社是专做汽车方面的杂志，可是在毕业之前，两个女孩对汽车和媒体都了解不多，所以两个人都还有很多需要学习的东西。

米拉在编辑部，工作相对而言简单一些，她要做的就是编辑各种汽车资讯，关注业界动态以及车主的需求。虽然工作比较烦琐，但也不是很难上手。米拉往往会从网上寻找要介绍的汽车品牌的代理经销商，然后直接和经销商通话，表明自己的目的，然后从经销商那里获得完整的资料，她再进行加工，因此她负责的栏目很受读者的欢迎。

这项工作并没有什么难度，即便要和经销商沟通，米拉也不曾遇到过什么挫折。

和米拉相比，杰尼的工作就比较麻烦了，要做好一个业务员，她就必须每天都和知名汽车厂商、经销商联系、沟通，然后才能进一步洽谈广告业务。她每天都要打无数个电话，但有时候一点儿成果都没有。即便她和米拉联系的是同一个品牌的经销商，也往往是不同的待遇。毕竟她要做的是从经销商的口袋里拿钱。

比如，有一次，她们两个同时联系到一个汽车的代理经销商，米拉表明自己的意思之后，对方很客气地让她等候，然后就让市场部的人在一周之内将详细资料整理好发给了米拉。而杰尼则是完全不同的待遇。当她表明希望与对方合作，刊登广告的事情之后，对方客气地拒绝了，并表明他们在其他的杂志上已经登过广告了。杰尼并没有就此放弃，而是告诉对方，他们的杂志的读者群体要比其他媒体的受众群更专业一些。这次，对方直接回绝了杰尼，并告诉她，他们的广告由其他广告公司全权代理。

杰尼不得不思考起来，同样的一份杂志，同样的一家厂商，而且自己的礼貌、语调、说话的逻辑都没有问题，为什么和米拉得到的是不同的结果呢？不甘心归不甘心，杰尼很快接受了这个结果，开始努力推销业务，不过一开始，她总是被拒绝。杰尼并没有因此放弃，而是通过各种各样的实际交流，总结经验和说话技巧。比如在什么时候打电话成功概率比较高；给不同国家品牌公司打电话的时候，什么样的态度和说法会让对方比较容易接受；在对方拒绝时，怎样判断是否有挽回的余地，如果有挽回的余地怎样继续谈下去，等等。

在一次又一次地被拒绝之后，杰尼终于成长了起来，被拒绝的次数也越来越少，而她的业绩自然也越来越好。几年之后，她成了这家杂志社广告部的主管。而米拉，仍旧安逸地做着一个普普通通的编辑。

人们常说：生于忧患而死于安乐。这不是没有道理的。米拉做着简单的工作，没有什么阻碍，工作很快就上手了，然而多年以后，她可能只是成为了一个熟练的编辑，并没有更好地成长；相较之下，杰尼一开始走了很多弯路、受了很多苦，但是她却从中得到了经验，让她迅速成长起来。

人生就像是一条溪流，没有静止的时候，所以我们也不该在一个地方做过多的停留，而应该不断前进，走向远方。成功，往往会让我们自我膨胀，通常我们不会从中去总结什么经验，但失败会让我们反省，并从中得到宝贵的经验。

这就是人们常说的"失败是成功之母"。因为有了失败，我们才有了更开阔的眼界、更长远的目光。要相信，当失败来临，不是证明你不够好，而是给你一次成功的机会。

/ 苦难，不过是等待成功时的休整 /

"冬天来了，春天还会远吗?"这句话每个人都知道。在困难面前，我们缺乏的往往不是坚强，而是耐心。我们可以接受困难，却难以接受困难前的无所作为，我们总觉得自己应该马上做些什么来扭转乾坤。但有些时候，苦难，只是告诉我们应该要学会等一等，等它过去，阳光自然会普照大地。

人生路如同四季，有艳阳高照的夏天，也有冰天雪地的寒冬，这是自然规律，不是我们可以轻易改变的。在天气好的时候，我们应该借机努力，而在天气不好的时候，我们可以适当地休息，储存体力。

时间是最好的治愈师，我们眼前无法治愈的伤痕，随着时间的流逝会慢慢淡去，只要我们有足够的耐心，春天，一定会到来。

从前，在一个渔村有两个人，一个叫阿呆，一个叫阿瓜。两个人都以捕鱼为生，但两个人都怀揣着成为富翁的梦想。

一天晚上，阿呆做了一个有意思的梦，他梦到了渔村对面有一个荒岛，在荒岛中有一座房子，房前种着 49 棵树，其中有一棵树开着火红的花，而这棵树下埋着一坛黄金。第二天他醒来后，觉得事不宜迟，赶紧出发去淘金。果然，他找到了那座岛，而岛上确实有一座房子，房前果然有 49 棵树。为了等到树开花，他在这里一直待到了来年春天。

没想到，第二年春天的时候，树终于开花了，然而所有的树都开出了黄色的花，根本没有开红花的树。阿呆不甘心，便去问住在房子里的屋主。屋主告诉他，这里的树从来开的都是黄花。阿呆失望透了，他觉得自己被一个梦境愚弄了，白白浪费了半年的光阴。

回到渔村后，郁闷的阿呆将这件事情告诉了阿瓜。阿瓜听后，果然也动了心，他觉得，既然梦里的岛、房子与树在现实中都存在，那么黄金也一定是存在的。于是阿瓜在第二天也出发去岛上寻黄金了。来到了岛上，阿瓜安心地住了下来，即便房子里的人告诉他这里没有开红花的树，他也没有动摇。两年过去了，又到了春天，果然有一棵树开出了红花，而阿瓜也从那棵树下挖到了金子。他回到渔村后，成为了村里最富有的人。

阿呆完全有机会获得金子，但他却没有耐心去等待。实际上，虽然我们觉得等待是一件无聊的事情，但是在不知道结果之前，能够真正做到耐心等待的人并不多。可以说，等待是痛苦的，尤其在困境当中，等待让我们觉得是一种折磨。可是，有时，我们如果能够忍耐过去，就能够看到成功。

挫折与困境，往往让我们觉得烦心。但即便我们不想接受，它的存在也是不可更改的事实，这个时候，我们何不放轻松呢？将一切解决不了的麻烦交给时间，时间自然会解决一切。在成功和失败面前，都多一点点耐心，如此我们便能看到成功向我们走来。

当然，耐心等待是必要的，但等待不代表我们什么都不做。我们要学会看准时机，在时机到来的时候，要毫不犹豫地抓住它，这样才能真正看到成功的笑脸。

机会，总会留给有所准备的人，当我们没有准备的时候，并不代表着我们就只能放弃，我们要有最后一搏的勇气和决心。

成功不会在大路上等着我们，它往往藏在很隐蔽的地方，甚至是躲到苦难的背后，这个时候，我们就需要寻找了，在苦难中摸索，不急不慢地把握时机，在它露头的瞬间将它捕获！不要抱怨成功迟迟不来，要知道，真正的成功、最大的成就都是值得我们等待的。有时候，也许就因为你多等了一会儿，巨大的危机就有了转机；也许因为你多回头看了一眼，发现了从前未曾发现过的新的路径；也许因为你多抱了一丝希望，奇迹居然真的出现了。

时间不会因为你的焦躁就改变自己的步伐，这个时候，我们需要的就是耐心等待，耐心是给自己和成功的重要机会。在这个过程中，你可以休养生息，调整自己，说不定下一秒成功就会敲响你的大门。

/ 输了就输了，转个弯便好 /

人生并不是只有一条路，就像河流一样，拥有很多的支流。我们往往希望走最短的那条路到达成功，走直线就是最短的距离，但最短的距离并不一定是最容易的路。有时候，在主路面前遇到了难以跨越的障碍，看看岔路口，说不定能够找到另一条捷径。

这就像是我们坐计程车一样，有些时候，我们为了省时间，会绕一些远路，避开交通堵塞的路段，看似绕了远，实则是节省了时间。两种选择，哪一种更明智呢？答案不言而喻。

绕道而行，迂回前进，这种办法适用于生活中的许多领域。比如当你用一种方法思考一个问题和从事一件事情时，如果遇到思路被堵塞的情况，不妨另用他法，换个角度去思索，换种方法去行动，也许你就会茅塞顿开，豁然开朗，有种"山重水复疑无路，柳暗花明又一村"的感觉。

《超人》是所有喜爱英雄电影的人心中的经典，而这个经典的形象则是由克利斯朵夫·李维刻画的，他也凭借这部电影而蜚声国际影坛。按理说，他的人生应该就此走向辉煌了，但令人没有想到的是，1995

年的一天，他因为不幸坠马而成了高位截瘫者。

没有人能够轻易接受自己的狼狈，他也一样，当他得知自己的情况后，他说的第一句话是："让我解脱吧。"当然，家人们更想让他振作起来。在他出院后，他的妻子时常用轮椅推着他外出旅行，以缓解他压抑的心情和痛苦的身体。

一次，汽车正在蜿蜒崎岖的盘山公路上行驶时，克利斯朵夫望着窗外，看着一路的景色。百无聊赖之间，他发现，每当车子即将行驶到转弯处的时候，路边都会出现一块交通指示牌，上面写着："前方转弯!"或"注意! 急转弯!"而车子转弯之后，前方往往是笔直的大路。他的脑子里被这"前方转弯"几个字不断冲击着。他突然间豁然开朗，他想，原来，自己的人生不是走到了尽头，而是应该要转弯了。于是，他一改消极的态度，高声对他妻子说道："现在掉头回家，我还有路要走。"

克利斯朵夫无法再做演员了，但是他并没有离开他喜爱的电影行业，而是当起了导演。他指导的第一部影片就获得了金球奖。获奖之后，他并没有就此止步，而是通过嘴巴叼着笔，创作出了他的第一本著作——《依然是我》，而这部书一经问世，就列入了畅销书榜单。不仅如此，他还投身公益事业，创立了一所瘫痪病人教育资源中心，并且四处奔走为残疾人的福利事业筹募善款。

在《时代周刊》的采访中，他这样说道："当不幸降临时，并不是路已到尽头，而是在提醒你该转弯了。"

没有谁的人生是一帆风顺的，就像克利斯朵夫的人生一样，总是充满了未知的挫折。我们应该相信人生路很远，有些主路上的障碍是我们无论如何都无法跨越的，这种时候就意味着我们的人生走到尽头了吗？不，这只是提示我们，此路不通而已，我们还可以做出另一种明智的选择。

转弯并不是逃避，也不是懦弱。天生我材必有用，东边不亮西边亮。我们需要找的是一条更容易通向成功的路，一条更适合自己的路而已。如果我们太过执拗，不肯承认输，那么你的眼前就只有悬崖绝壁，但若是你转一个方向，说不定别有洞天。

条条大路通罗马，只要我们的大方向不变，那么适时地转弯，并非是懦弱，而是一种面对失败与挫折时应该具备的态度和智慧。

有很多年轻人在初入职场的时候，都充满了热情与干劲，但是现实往往会打击这些年轻人的热情，一次次的打击，会消磨掉他们的热情。不过杰克是一个例外。杰克在大学时期就总是有很多想法，进入公司之后，他又将自己的各种创意用在了工作中，但是，他的创意并没有让他平步青云。

为什么呢？原来，他的老板是一个因循守旧的人，因为是白手起家创立的公司，所以老板对待投资更是小心谨慎，生怕一个冒进让自己奋斗多年的公司就这样消失掉。而且曾经在经济危机的时候，因为老板的谨慎，公司没有受到太大的影响，所以老板更加坚信自己的做法是没有错的。

只是，老板总是想要做最专业的产品，可是他们公司生产的是市场上常见的那种小电扇。杰克觉得在多元化的市场当中，生产这种大众且没有优势的产品是不够的。他很想设计出新产品来，只是，老板不一定支持。

虽然现在的他是老板手下的负责人了，可是他没有权力动用公司的资源进行这些尝试，毕竟他还不是老板。不过，他并没有放弃开发新产品的想法。最终，他想到了一个办法，就是向老板建议，在原有的设计上进行更新，在得到了老板的同意之后，他开始设计新产品。短短的两个月时间，他设计的空调扇就问世了。此时，老板才意识到自己上当了。不过，面对雪花一般飞来的订单，老板没有责怪杰克。

就这样，杰克凭借着这款新产品升了职，还成为了设计部的主力。

我们在失意的时候习惯于怨天尤人，觉得自己怀才不遇。但是我们有没有想过，自己是否在一条错误的路上一直走着呢？有时候我们钻进了牛角尖，最终无路可走，便在原地抱怨环境不好，上天不公。

其实，路的旁边也是路。有时候我们走得不好，不是路太窄了，而是我们的眼光太狭窄了。最后阻挡我们的不是路，而是我们自己。人人都愿意走直路。直路平坦，走起来毫不费力，但很多时候，走在直路上的我们会遇到各种阻碍，从而浪费大把时间，这个时候，我们就应坦然承认自己的不足，绕道而行，就可以了。

失败面前转弯，并不意味着放弃，而是在审时度势，为了更好地前进！《孙子兵法》中说："军急之难者，以迂为直，以患为利。故迂其途，而诱之以利，后人发，先人至，此知迂直之计者也。"这段话的意思是说，军事战争中最难处理的是把迂回的弯路当成直路，把灾祸变成对自己有利的形势。也就是说，在与敌人的争战中迂回绕路前进，往往可以在比敌方出发晚的情况下，先于敌方到达目标。

　　所以，当失败找上门时，不一定要做无谓的坚持。调整一下目标，改换一下思路，这样才会豁然开朗，柳暗花明。

第三辑

总有一天，
我们会破茧成蝶

每一只美丽的蝴蝶，在蜕变之前都是一只其貌不扬的毛毛虫，唯有破茧成蝶的一刹那，我们才领略到它的惊艳。实际上，我们的人生就是一个蜕变的过程。我们或许已经成蝶，或许还在成蝶的路上努力。

　　其实，我们生活在一个充满了美丽与成功的世界，现在我们眼中的自己或周围的人也许还不够成功，但那并不代表我们没有化蝶的能力。没有人知道未来是什么样子，而我们所要做的，就是不轻视自己和周围的一切，相信并等待破茧成蝶的那一天的到来。

/ 别小瞧了自己 /

从前，有两把尺子，一把笔直，另一把则弯弯曲曲。弯曲的尺子非常自卑，它总是在文具当中隐藏身影，怕被别人看到，怕别人会笑话它：作为一把尺子都没有尺子的功用。

但就算它再小心，还是时常会被其他的尺子嘲笑："唉，你究竟是个什么东西呀？你看看你，人家尺子都笔直笔直的，你看看我，随随便便就能画出一条直线来！你呢？弯弯曲曲的，怎么能称得上是一把尺子？"

听了这把直尺的话，弯曲的尺子悲伤地流下了眼泪，是呀，它怎么能称得上是一把尺子呢？它连画直线的能力都没有……就在尺子自怨自艾的时候。一边的马克笔笑出了声："唉，你呀，真是不知道自己的价值。直尺固然有用，但它也不过是一个只能画直线的工具罢了。而你，虽然弯弯曲曲的，但你不知道，你可是漫画家必不可少的重要工具呢！"

明明是一个好工具，却自认为没用。实际上我们有时也是如此，明明很有能力，却不自知，认为自己一无是处，充满了自卑。而实际上，我们谁都不能小看了自己。自己都看不起自己的人，别人是不可能将我们放在眼中的。

没有人喜欢没有自信、总是抱怨的人，每个人都喜欢那些充满希望和自信的人，只有在这些人的身边，我们才能感受到希望。可惜的是，人类最大的弱点就是自贬，即廉价地出卖自己。这种毛病以各种各样的方式表现出来。例如，某个男生喜欢上了一个女孩子，但是他没有采取行动，因为他想："我恐怕不是她所希望的那种男生，何必自找麻烦！"

但是，这些都只是你自己想的，并没有去确认过。你自己都认为自己一无是处，又凭什么要求别人看得起你呢？确实，我们现在可能处于人生的低谷，或者处于不太好的境遇，但我们的人生并非全是低谷，今天并不代表未来。我们可以接受自己的失败，但不能接受自己永远的自卑！我们应该对自己充满自信，相信自己能够改变一切。

不管是谁，都应该对自己的人生负责。不管现在我们身处何处，遭遇着怎样的窘境，只要我们不抱怨人生，不否定自己，不轻视自己，那么我们就有面对一切的勇气。我们如果始终相信自己，那么无论遇到任何的困难，我们都会勇敢地站在最前面，改变不如意的现状，给自己想要的一切。

毛毛虫在变成蝴蝶之前，它可能并不知道自己的未来会是什么样子；丑小鸭在蜕变成天鹅之前，它可能认为自己是鸭群中的另类……有太多这样的例子了，我们并不差，觉得无法融入眼下的环境，不一定是你不够好。不要否定自己，认清真正的自己吧，相信自己终有一天能够破茧成蝶！

/ 以一颗豁达的心去面对伤害 /

我们希望生活可以一帆风顺，但是难免会被挫折当头泼上一桶冷水，这并不是难以接受的，毕竟生活中很多事情都难以预料。但是，有些时候在与人交往中，往往会有人中伤自己，这是最难以接受的。明明自己期望的不过是开开心心、顺顺利利度过每一天，为什么生活偏偏要有一些小波澜、小浪花呢？

但是，嘴巴长在别人身上，我们能够做到的是让自己不受伤害。只要淡然面对，不要斤斤计较，以一颗豁达的心去面对，就没有什么能够伤害我们。

有一个智者带着自己的弟子们坐船到处游学。

有一次，智者在下船的时候不小心踩了一个人的脚，本来不是什么大事，智者也道了歉，可对方就是一个泼皮无赖，根本不接受道歉，还骂道："你这不长眼的秃驴！"智者没有理会，可他却越骂越难听。

智者走了二里路，这个地痞无赖也跟了二里路，嘴里一直不干不净地骂着难听的话。智者的弟子实在是看不下去了，便问道："师父，你是了不起的智者，为什么不用你的语言来反驳他呢？"智者摇了摇头，问道："谁在骂我，我怎么听不到？"

弟子指着那个无赖说："就是他呀，师父。"

"哦。"智者点了点头，继续说道，"如果有人送你礼物，你不想接受，那对方要怎么办？"

弟子想了想，回答道："那他再拿回去就可以了。"听完，智者笑了，而这时弟子也恍然大悟。

智者继续说道："其实，不管对方给予我们什么，我们都当作是对方给予的礼物，我们可以选择要或不要，别人骂你、伤害你，你不接受的话，那就不会受到什么伤害。这就是'以空相应'的智慧啊！"

言语中伤，说出来只是第一步，我们接受才是第二步，而正是第二步给我们造成了实质上的伤害。这就等于说别人实际只是泼了一瓢水过来，而我们在这个过程中却将这瓢水烧开了，自己伤了自己。

不要去管别人说什么，你要相信你自己眼中的自己，而不是别人眼中的你。你是为自己而活，不是为别人而活。一千个人眼中有一千个哈姆雷特，你不能做到让人人满意，既然如此，那么只要做到自己满意就可以了。不管对方怎样说，我们不生气，就是对对方最好的回击。你接受了对方的伤害，等于认同了他对自己的评价。

面对伤害，人往往有三种反应，第一种是忍无可忍，即别人激怒自己的时候，直接反击，这种人往往是最容易受到伤害的；第二种便是忍辱负重，面对别人的欺侮，忍耐，这样的人虽然有很好的自制力，但是心中积郁太深；第三种是无辱可忍，这种人的生活中没有侮辱，因为他们自尊自爱，从不活在他人的评价里。

在街角有一家便利店，便利店的店长经常看到一对姐妹放学后光临。姐姐看起来很文静，实则性格火暴。在和妹妹一起挑选商品的时候，时常出言不逊："你怎么这么笨？不会看保质期吗？这个都快到期了，你还选！"要不就教训妹妹："你简直是白痴，没看见这里写着买一送一吗？为什么只拿一个？"更过分的时候，姐姐甚至这样说过："猪都比你聪明！"

而妹妹却一声不吭，该干什么干什么，悠然自得，似乎并没有受姐姐话语的影响。

有一天，妹妹一个人来到了便利店。姐姐没来，店长觉得很奇怪，便问道："今天怎么就你自己，你姐姐呢？"

"哦，姐姐感冒了，今天没有上学，所以我自己来了。"妹妹笑着说道。

"我觉得你姐姐好凶。"店长试探性地说道。

"她就那样，不要理她就好了。"妹妹一边逛着，一边回答道。

"可是她每天都那样骂你，你不生气吗？"

"她骂我是她生气，我又不生气，而且被骂一下又不会少块肉。"妹妹笑道。

显然，妹妹是一个机智的小姑娘，她懂得不生气的智慧，不管姐姐怎样说她，她都不往心里去，那么姐姐所说的一切也都伤害了她。我们要接受别人对我们中肯的意见，却没有必要理睬别人对我们的伤害。

简而言之，我们要学会的应该是不在意。不要总把什么都太当回事，不去钻牛角尖，也不把那些微不足道的鸡毛蒜皮的小事放在心上，这样我们就会快乐许多。不去因为一点小事着急上火，我们的幸福就会变得很简单。

别那么多疑敏感，总是曲解别人的意思；别夸大事实，制造假想敌人；也别像林黛玉那样见花落泪、听曲伤心、多愁善感、顾影自怜。因为，人生有时真的需要那么一点点傻。

有一个大财团的 CEO，虽然是众人眼中了不起的人物，却时常在董事长面前抬不起头来。因为董事长经常骂他、批评他，而他从不回嘴，之所以如此，是因为他与董事长有一层特殊关系——他的妻子是董事长的千金。

他觉得自己很没面子，便想要脱离这个企业，另谋高就。一次，他和朋友聊天时，这样说道："我实在干不下去了，不管我做得好不好，董事长都不满意，总是骂我。"

此时，他的朋友却笑了，说道："那我要恭喜你了，你的岳父天天骂你，是他对你的栽培和督促啊。"

CEO 好像突然之间理解了，他的岳父时常说他笨，还暗示他快点学，原来这一切都是为了让他尽早担重任。

第二天，CEO 刚到公司，就看到董事长拄着拐杖站在门口，一看见他就生气地说道："你看看都几点了，才来上班？难道你要大家都等着你吗！"

这次，CEO 没有像以往那样心里委屈，因为他知道，董事长这样做都是为了他好。

我们需要练就的是一双透过现象看本质的眼睛。有些时候，我们认为对方对我们的中伤，实际上可能只是表面，隐藏在下面的，可能是对我们寄予的厚望！父母批评我们，是为了让我们成长，老师批评我们，是为了让我们成熟，而上司批评我们，则是希望我们进步……当我们身边的人都对我们寄予厚望的时候，我们又有什么资格轻视自己呢？

海纳百川，有容乃大。不要抓着人家话语中的伤害不放。找到这句话背后的真正含义，也许是对我们的期望，也许是对我们的妒忌。无论是哪一种，都不能让我们自暴自弃。接受对方的意见，但不要接受伤害，将心放宽一些，把伤害漏掉，或许，我们就能够看到最优秀的自己。

/ 别让自卑埋没了你的才华 /

曾有一位心理学家说过这样的话："多数情绪低落、不能适应环境者，皆因无自知之明。他们自恨肤浅，又处处要和别人相比，总是梦想如果能有别人的机缘，便将如何如何。"

当然，我们想要为自己的遭遇找一个不满的理由很容易，但真正的强者不会沉溺于自己的不幸，不会否认自己，而是会想方设法地重新站起来，扭转乾坤。人无完人，就算是历史当中的伟人，很多都有难以弥补的缺陷，但是他们并不会因为这些缺陷而自卑，而否定自己的一切。反而他们坚持勇往直前，成就一番大事业。

每个人实际上都有自己的舞台，也有自己的价值。或许你在某方面技不如人，但那并不代表你的存在是个错误，并不代表你一无是处。只要你摆脱对自己的怀疑，相信自己能够成功。那么，未来会向你证明，你有多么优秀！

苏格拉底晚年时，曾考验过自己的助手。他将助手叫到床前，嘱咐道："我的蜡没剩多少了，你得帮我找另一根蜡接着点下去，我的意思你明白吗？"

"我明白，"那位助手赶紧说，"您是说，您的思想应该有传承的人。"

"嗯，没错，不过，"苏格拉底慢慢悠悠地说，"我的思想要传给最优秀的人，他要具备极高的智慧，还要有充分的信心以及非凡的勇气，你能帮我找到这样的人吗？"

助手肯定地点了点头，说道："您放心，我一定竭尽全力。"得到这个答案，苏格拉底笑了。

之后，那位忠诚的助手果然开始寻找起苏格拉底的继承者来，他很勤奋，每天都努力寻找，可惜一无所获，他找来的人都被苏格拉底拒绝了。终于，当那位助手又一次无功而返时，已经病入膏肓的苏格拉底强撑着坐了起来，说道："这段时间辛苦你了，只是，你找来的这些继承者，都不如……"

不等苏格拉底把话说完，助手就打断了他，说道："您再等一等，我会加倍努力的！就算找遍全世界，也一定会把最优秀的人给您带来。"见助手如此坚持，苏格拉底便笑了笑，不再说什么了。

就这样，又过了半年，苏格拉底觉得自己大限已至，然而他的继承人还是没有着落。此时的助手也别无他法，只得抱歉地说道："我真是太无能，太让您失望了，真是对不起……"

"我的确很失望，但对不起这句话你应该对你自己说。"苏格拉底有些难过地闭上了眼睛，过了好久，他才有些哀怨地说道，"其实，最优秀的继承人就是你自己。只是你忽略了自己，不敢相信也不敢承认，所以才丢掉了这个机会。其实，每个人都是最优秀的，关键在于如何认识自己，如何发掘和重用自己。"说完这句话，苏格拉底就彻底地闭上了眼睛，他就这样带着自己的智慧去了另一个世界，留下了他的助手抱憾终身。

在一些选择面前，我们可以高看自己一些，没有什么美好是我们不配拥有的。你要相信自己，然后为之努力，这样，你将发现，你的人生道路一下子变得豁然开朗了。

自我责备，自我贬低，是我们所知的最具破坏力的习惯之一。有些人经常以这样的方式伤害自己，似乎很乐意暗示自己是一个渺小的人，一个毫无价值的人，与别人相比，自己简直一无是处。但自我轻视并不会造就一个伟人，现在不会，未来更不会。你既然存在于世，就有自己的价值，就有自己的才能，你要做的不是否认自己，不是自怨自艾，而是找到自己的能力所在。

人的潜能犹如一座金矿，蕴藏无穷珍宝，价值连城。用积极的心态去发掘和利用它，将会给我们带来巨大的财富和幸福的生活。与其寻找自己的缺点，不如找找自己的优点，挖掘挖掘自己的潜能，这样，我们才能更容易地找到属于自己的成功捷径。

费德雯于 1912 年在美国出生，之后，他度过了和大家没什么区别的学生时代。学生时代的他并没有多耀眼。但是，自从 1942 年他加入纽约人寿保险公司之后，他的人生发生了重要的改变。他用了 14 年的时间，就打破了寿险史上的纪录，年度业绩超过 1000 万美元，四年之后，他的年度业绩超过了 2000 万美元，六年后，他的寿险销售额冲破了 5000 万美元的大关，又过了三年，他缔造了一亿美元的年度业绩……

在保险行业里，连续数年达到十万美元的业绩，就已经很了不起了，而他，竟然做到了近50年平均每年销售额达到近300万美元的业绩。另外，他的单件保单销售曾做到2500万美元，一个年度的业绩超过一亿美元。他一生中售出数十亿美元的保单，比全美80%的保险公司销售总额还高。

在人寿保险的历史上，他就像一个传奇，没有第二个拥有这样成绩的业务员。可是，谁也想不到，他的业绩不是在世界上最繁华、人口最多的城市创造的，而是在一个人口只有1.7万人的东利物浦小镇中创造出来的。

他认为，自己的成功秘诀是因为他对成功怀有强烈的企图心，并不满足于现状，他每天都想要做得更好。他相信，原地踏步即是退步，所以他不断鞭策自己：不要止步不前，勤奋地过每一天。

他相信，只有积极进取的人，才能最大限度地开发出潜力。而事实也证明了他是对的，他凭借自己的潜能，终于成就了一番惊天动地的伟业。

每个人都有潜力，关键在于是否挖掘出来。20世纪最了不起的科学家爱因斯坦，他的潜能也没有全部被开发，而我们如果开发出自己的潜能，谁能保证我们不会是下一个爱因斯坦呢？

不要因为眼前的一点失败就否定自己的能力，你或许有一件事没有做好，但这只是偶然事件，你要相信，你有天赋，只是还没挖掘出来而已。不要轻易地接受自己无能的结果，比起否认自己，相信自己应该更容易。

要相信，潜能，一定会创造出人生的奇迹！

/ 自卑与自信之间不过一扇门的距离 /

湘和娜是大学时期最要好的朋友，上学的时候，湘的成绩非常好，而娜的成绩则一般。不过这点差距并不会影响两个人的友谊。她们总是形影不离。上大学的时候，湘非常努力地学习，因为她不想毕业之后回到家乡的小城去，她想要留在大城市里拼搏，成为一个白领，穿着职业装，游走在人群当中；而娜的想法则单纯了许多，她只是想看看外面的世界，大学毕业之后，或许可以考虑留在大城市，如果不行，那么就回到家乡去谋一份工作。

大学毕业之后，两个好朋友都面临选择。湘毅然决然地和男友分了手，因为她不愿意和男友回到老家去拼搏，而娜则选择追随男友，一起回家去创业。就这样，两人各自开始了自己的新生活。一开始，两个人之间总有打不完的电话，说说彼此的近况，聊一聊生活中的烦心事。但是渐渐地，两个人的关系淡了下去。

湘毕业之后就应聘进了大公司，虽然这是她梦寐以求的，但现实却也有点残酷。虽然她在学校是优等生，但是到了公司之后，她没有一点经验，只能从底层做起。这和她预想的完全不同。激烈的竞争时常让湘感到疲惫。

而娜呢？回到家乡之后，她先是和男友结了婚，之后两个人一起开了个小店，生意做得风生水起。湘在大城市里吃着泡面、加着班的时候，看到了娜发的近况照片，她和丈夫两个人在庭院中种植花草，看着娜幸福的笑容，湘删除了她的所有消息。因为她感觉自己好像输掉了一切……

其实，我们每天都会做出各种各样的选择，很多时候，选择是没有明显的对错的。有些时候，我们的选择可能会让我们迂回地走向成功，这个时候，我们也不能抛却自己的信心，要相信，迂回有迂回的道理，自己的选择一定要坚持住。

实际上，自卑与自信往往只有一步之遥，从自卑走向自信，只需要一些勇气。故事里的娜曾经是个自信的人，但她喜欢和朋友做对比，而一步退到了自卑。其实，咸有咸的味道，淡有淡的味道。你是你，不是别人，所以也没有必要因为别人的生活比自己好而伤心难过，你只要过好自己的人生，对自己的选择负起责任就够了，没必要因为别人的杰出而自卑。

你选择相信，那么你就有坚持下去的勇气，若你迟迟不敢迈出一步，那么你就等于放弃了自己。

小李和小王是同一届毕业生，两个人水平相当，但性格完全不同。毕业之后，两个人进入了同一家公司工作。小李是一个有点冒失却很积极的人，而小王则是一个谨小慎微又有些自卑的人。刚进入公司之后，小李就积极地参与到了许多项目当中，当然，作为一个实习生，本身是没有这样的机会的，但是小李就是有本事"死缠烂打"，让项目经理也不得不对他刮目相看。而小王则比较保守，他总是怕自己太过冒进给领导留下不好的印象，怕自己能力不够，因而失去转正的机会。

项目开始之后，小李就积极地学习，在他参与的项目当中，还出过一点纰漏。每当这时，小王就庆幸自己没有加入项目。虽然一开始小李出错总是被骂，但是经理并没有因此就开除他。慢慢地，小李开始上手了。遇到新的项目，他也总是大胆接手，而经理似乎也比较信任他，给他安排工几个经验丰富的技术人员指导他。

经过几年的时间，两个人都留在了这个公司。只不过小李已经成为技术总监，而小王则一直是一个技术员。

自信与自卑其实只有一扇门的距离，门外是自卑，门内是自信。往往自卑的人没有勇气去敲响面前的门，所以只能止步不前。抬一抬手真的有那么难吗？为什么要小心翼翼、裹足不前呢？其实，有时候我们不是没有那个能力，只是缺少了一点助力。当你鼓起你的勇气去做的时候，其实你已经踏进了成功的门槛。

自卑与自信相差不远，但它们对我们产生的影响却是天差地别的。自卑会让我们什么都不敢去挑战，久而久之，就习惯性地放弃一切，放弃自己向往的职位，放弃自己想要的机会，放弃自己想爱的人，放弃自己的梦想……其实，放弃之前我们并不能保证追求的结果是什么，为什么没有做就要放弃呢？

自卑会让我们选择放弃，但自信却会让我们选择尝试。在一件事面前，自己不知道能力是否足够，相信自己，便有了衡量自己能力的机会，由此便知道了自己应该在哪些方面努力。就算失败了，也不会驻足不前。

在未知面前，我们应该多一点自信，失败了又如何？不过是一次尝试而已，人生路还长。不尝试去做的话，永远都没有做好的机会。不要总是担心自己能力不足，担心结果不够完美。做不好又怎样？大不了接受一些冷嘲热讽，又不会少一块肉。表白被拒绝又如何？大不了尴尬几天，之后你还有机会。

不要觉得自卑与自信之间天差地别，只要你有骨气，敲响面前的门，你就能找到自信，找到未来的光明！

/ 妒忌，蒙蔽了我们的眼睛 /

有个人救了一个亿万富翁，富翁对他说："我可以满足你的一个愿望，不过你得到什么，你的邻居就会得到双份。"

那个人开始很高兴，但转念一想：如果我得到一千万，那么我的邻居就会有两千万；如果我要一栋别墅，那么我的邻居就会得到两栋；如果我要一个美女，那么我那个光棍邻居就会同时拥有两个美女。他越想越忌妒，越忌妒就越觉得划不来。最后，他一狠心说："你砍掉我一只手吧！"

人生活在社会中，习惯于和别人去比较，每个人都希望自己过得好，但别人比自己过得好的时候，却又从心里衍生出一种不平衡，甚至是怨恨，这种情感就是妒忌。

忌妒者总是用望远镜观察一切。在望远镜中，小物体变大，矮子变成巨人，疑点变为事实。忌妒就是心灵的地狱，有忌妒之心的人，眼前就像蒙了一层纱，永远看不到快乐的存在。

由于忌妒，我们的心灵被埋入地狱，不断受着折磨。但是那折磨都是我们自己带来的，忌妒之心实在不可留，早点把它抛弃，就可以早点感受快乐。

我们的眼睛，既用来看自己，又用来观察他人。如果我们在观察别人时眼睛里没有忌妒的因子，那么我们一定是快乐的。因为会欣赏别人的人，也会善于发现这个世界的美。但反过来说，如果眼睛中充满了忌妒，那么你会忘记所有自己本该去做的事情。

米莉在一家珠宝公司已经工作了七八年了，可以说是这个公司的老员工了。她作为一个设计人员，尽心尽力，每一份设计稿都多次修改，直至完美。因为这种一丝不苟的态度，她很快就成为了项目总监。

米莉对自己得到的一切都非常在乎。因为她是从一个小城市来的，家里没有什么背景，为了学习珠宝设计，她付出了不少努力，她凭借着自己加倍的努力，才爬到了今天的位置上。然而，最近发生的一件事情让她非常不高兴。

原来，公司新招来一个刚毕业的海归学生。这个孩子简直就是珠宝设计的天才，才不过二十几岁，就设计出了让人眼前一亮的作品。公司花了好大的力气才把这个孩子请了过来。刚进公司，这个新员工的设计稿就通过了，而米莉的设计稿往往要来来回回修改多遍。这让米莉心里产生了一种可怕的危机感。

这天，老板跟米莉讲，新员工是一个可塑之才，让米莉多带带他，争取年底的新品发布会上能够有让人眼前一亮的作品。但是米莉不愿意这样做，凭什么一个新员工要受老板的重视？她可是努力了七八年才得到现有的一切！

于是，在那之后，米莉有些躲避起那个新员工来。新员工每做一个方案，想要米莉看的时候，米莉就会借机离开，完全不参与同事们对那方案的讨论。渐渐地，米莉有些脱离工作了，新员工接触的客户和方案越来越多，而米莉则越来越退避，不管对方怎样邀请她，她都拒绝。时间久了，她发现团队已经和新员工走到了一起，而自己却孤军奋战了，如此一来，她更记恨新员工"夺走"了属于她的一切。

老板见米莉很久没有成绩，而新员工的业绩突飞猛进，便降了米莉的职位，让新员工做了新一任项目总监。

其实，忌妒往往源于羡慕。但羡慕能够让我们找到自己努力的方向，而忌妒往往会扭曲我们的心灵。端正自己的态度，才有资格得到自己想要的东西，而忌妒，则会蒙蔽自己的双眼，不仅小看了别人，也轻视了自己。

在日常生活中，忌妒是普遍存在的，我们很可能还没有察觉到它的危害。但这种包含着憎恶、愤恨、虚荣与悲痛的复杂情感，不仅会让人丢失快乐的天堂，还会让人失去很多生活中的美好。这种缺乏自信的表现，使忌妒的人永远生活在地狱里。

英国哲学家培根说过："忌妒这恶魔总是在暗暗地、悄悄地毁掉人间的好东西。"忌妒不仅是一种无能为力的竞争，也是成功最危险的杀手。这种不健康的情绪、不平衡的心理状态，往往会让人的身心受到伤害。历史上有一个著名的典故，讲的就是忌妒之心带来的危害。

东汉末年分三国，东吴有一员大将名叫周瑜。那时，他曾和诸葛亮约定，如果他夺取南郡失败，诸葛亮可以再去夺取南郡。

第一次，周瑜没能顺利夺取南郡，而且在夺取的过程中受了伤。

不过，后来他将计就计，打败了当时守卫南郡的曹操兵马。可是他没有想到，诸葛亮在这个时候抓住了时机，一举夺下了南郡等地。虽说这在他意料之外，但诸葛亮并不算违约，是他说的，自己失败，诸葛亮就可以去夺。周瑜非常生气。他忌妒诸葛亮才智双全，却又没有办法。

在之后的斗争中，周瑜连续两次中了诸葛亮的计谋。回到东吴后，周瑜压抑不住心中的愤恨，一病不起。在临死前，周瑜都还在哀叹："既生瑜，何生亮！"

历史当中的周瑜年仅 36 岁便离世了，不能说是天妒英才，只能说是他将自己逼上了绝路。忌妒并不是一件可耻的事。然而，若是因为忌妒他人而失去了自己成功的机会，那就不值当了。

有句话说得好："欣赏他人等于欣赏自己。"如果我们都看不到别人好的一面，那么快乐从何而来？对他人的欣赏并不是否认自己，因为每个人都有自己的优缺点，只有对自身有一个客观的认识，才能获得健康的心境。

对别人产生了忌妒之心并不可怕，关键是要看能不能去正视它。如果我们能把这种忌妒心理转化为动力，并因此去奋发努力，让这种忌妒之情升华，便可以化消极为积极，获得成功。

人生在世，平静豁达才能越走路越宽，承认别人比自己强，然后努力，才是幸福的真谛！

/ 束缚的茧，从内打破才是蜕变 /

小女孩在家中院子的树上看到了一只丑陋的毛毛虫，心生厌恶，想要将它丢掉。小女孩的哥哥看到了，阻止道："别看它现在是毛毛虫，以后可是能变成蝴蝶的呢！"

"真的吗？"

"当然了，这是生物老师告诉我们的。"男孩确信地说。

"那好吧，咱们就一起等它变成蝴蝶。我要写一本观察日记。"就这样，女孩和哥哥开始观察起毛毛虫来。果然，就像女孩哥哥说的那样，有一天，毛毛虫开始吐丝了，它将自己一圈圈地包围起来，形成了一个茧。从这天开始，女孩便每天都去观察，想要见证蝴蝶诞生的那一刻。

终于，有一天茧破了一个洞，蝴蝶开始在里面挣扎。看到这一幕的女孩马上叫来哥哥。兄妹俩兴奋地观察着。可是，蝴蝶似乎很痛苦，挣扎了半天都没能出来。就在女孩担心的时候，哥哥出了个好主意："咱们拿剪刀帮它把茧剪开怎么样？"

"这个主意好。"于是，两兄妹拿来剪刀，帮助蝴蝶剪掉了碍事的茧。

蝴蝶终于出来了，但是蝴蝶的翅膀却没有力气，虽然美丽，却无法飞上天了。

破茧成蝶的关键就在于挣脱，没有经过一番挣扎，翅膀就不够强健，自然就没有飞翔的能力。蝴蝶是这样，我们也是如此。我们其实也有一个茧，只是这个茧是我们看不到的，外界的压力打破它对我们毫无意义，只有从内部打破才是真正的蜕变。

我们每个人都渴望化茧成蝶，没有人甘愿做一辈子的毛毛虫，但是真正成功的，又有几个呢？我们之所以没有成功，只是因为我们害怕破茧成蝶的痛苦，不愿意去面对，更不愿意平心静气地接受。

其实，我们今天没有成功，只是时机还未到。成长是一个过程，有时我们需要耐心等待。等待这个世界给我们一个机会。

秋天到了，玉米地里异常热闹，大家都在讨论，自己生长得好不好，会不会被第一个摘走。其中有一株玉米非常自信，因为它颗粒饱满，它觉得自己是今年所有玉米里最好的一株，不用猜，肯定会被第一个摘走。

"明天肯定有人把我摘走！"这株玉米很自信，它不停地安慰自己。可是，第二天却没有人注意到它，反倒是一些不如它的玉米被主人摘走了。

玉米并没有因此而失望："玉米地这么大，看不见我也情有可原。我相信，明天主人一定会把我摘走！"玉米仍然这样鼓励着自己，可是，它对自己说这句话的时候，也有些犹豫。

日子一天天地过去了，眼看着收获的季节就要结束了，主人还是没有把这株很棒的玉米摘走。它身上那些原本饱满的颗粒变得干瘪坚硬，整个身体就像是要炸裂一般，想到自己可能要烂在地里，它哭了。

就在玉米伤心欲绝之际，主人摘下了它，并说：“这可是今年最好的玉米，做种子肯定能够长出好玉米！”

起初，颗粒饱满的玉米对自己充满了信心，认定主人会第一个注意到它。然而，天不遂其所愿，主人迟迟没有将它摘走。漫长地等待让饱满的玉米粒变得干瘪，而它也在一次又一次的失望中伤心欲绝。然而，就在它暗自神伤的时候，主人却把它摘下了，并宣布要拿它做种子。对于一株玉米而言，成为种子是自我价值的最大体现，因为它的生命可以延续下去。玉米的故事提醒人们，成长，有时是需要耐心等待的。

成功总是太诱人，有些人一直很自信，也曾全身心地投入过，认真地努力过，但他们最终还是没能抵达理想的终点。不是命运不公，也不是天意弄人，他们和成功之间的距离其实只有一步之遥，可惜他们没能在绝望的时候再等待一下，而是选择了放弃。等到真的醒悟了，已经太迟，没有岁月可回头。成功的确需要艰辛的努力，但更需要不懈的追求和耐心。

苏格拉底是世界著名的哲学家，很多人都相信他掌握着人生的真理，所以许许多多的人都拜他为师，希望能够学到一些经验、知识。

有一次，苏格拉底和自己的弟子们聊天，有个学生问他：“老师，人究竟要怎样做才能成功呢？”

苏格拉底想了想，说道：“今天回去后，你们做一件事吧，将自己的手前后甩动一百下，接下来的每一天都要这样，直到我说停为止。"说完，接下来的一周，他都没有再说过这件事情。一周后的一天，他问自己的学生们是否还在坚持，他发现，已经有10%的学生放弃了。他没有说什么，只是让剩下的人继续下去。一个月之后，再调查，还在坚持的学生只剩下了一半。他还是没有说什么，让剩下的人继续……一年过去后，当苏格拉底再问曾经甩手的学生们时，只剩下一个人还在坚持了，他就是柏拉图。

苏格拉底被很多人看作智者，认为他无所不能，所以他的手下有很多学生，然而，最终能够和他齐名的学生就只有柏拉图而已。难道这是能力的区别吗？当然不是，能力随着人们的成长是可以不断培养的。通过故事就可以看出，柏拉图之所以能够成长为一个世界级的学者，是因为他有足够的耐心等待自己成长。

耐心是一种不轻易放弃的"恒心"与"决心"。在开始的时候，每个人都能信誓旦旦地保证自己能够坚持到最后，但是时间是最能消磨人的东西，外部环境千变万化，大部分人都无法在变化的环境中一如既往地坚持。但是若想成功，就必须具备在任何情况下都耐得住寂寞、耐得住痛苦的能力。给自己多一点点信心，你就能够打破束缚你的茧，走向成功。

/ 对所有人都好一点，包括你自己 /

有时，我们习惯于严格要求自己，但是久而久之，我们的严格可能就偏离方向了，变成了苛责，以苛刻的态度面对生活，面对身边的人，甚至是自己。

李刚在汽车公司做销售，这是一份不容易的工作，想要做好一名销售员，需要付出很多努力，李刚深知这一点，所以在他入职的第一天，他就告诫自己，要严格要求自己，不要给自己找理由。

就这样，李刚开始为自己的工作努力了。可是，业绩很难上去，而且工作中的挫折确实很多，每当这时，李刚就垂头丧气，怪自己太笨了，这点事都做不好。其实，每件事情的发生都有一定的原因，比如工作难度确实太大，阶段目标定得太高，有不可抗因素，等等。但是李刚觉得如果承认了这些，就是在给自己找借口，所以他不断地埋怨自己。

朋友的劝解并没有起到什么作用，一来二去，朋友也就不劝他了，而他还在自责中浑浑噩噩地过着一天又一天……

生活，自然会有烦恼，其实，烦恼存在的根源不是自己得到的太少，而是自己想要的太多。我们为了自己想得到的一切，给自己贴上了不少标签，甚至自己拿鞭子逼着自己前进，去争取。当我们达到极限，没有得到预期中的结果时，我们往往会自责，觉得自己实在是太差劲了。

李刚就是这样一个典型，因为他总是觉得自己不够好，所以总在抱怨。其实，把事情看得简单一些又有何不可呢？人生总有不如意、不顺心的时候，这是在所难免的，我们实在没有必要把所有的原因都归结到自己身上。

人生在世，最重要的是快乐，我们又何苦为难自己呢？想要一个好身材，于是美食当前咽着口水充饥；想要有一份别人看起来羡慕的工作，于是所有的休息时间都交给了工作……当你付出一切换得你想要的东西时，你是真正的快乐吗？

我们应该有所追求，但并不代表我们应该舍弃一切去追求。人只有一辈子，我们应该要对自己好一点，别和自己过不去，人生没有过不去的沟沟坎坎，也没有什么是非拥有不可的东西，接受简单的生活，又有什么不对？

我们有义务对自己好，同样地，我们也应该善待身边的人。既然我们决定对自己宽容，那么就没有道理用双重标准去衡量自己和周围的人。不苛求自己，也不要苛求他人，这样幸福才会比较容易。

张勇和张果是患难与共的亲兄妹。两人从小就在富贵之家长大，良好的环境让两个人从小就有着比较好强的心理，他们认为只有优秀的人才配得上他们的姓氏。然而，就在张果14岁那年，父母因为一场车祸离世了。

　　一下失去了父母的兄妹俩只能相依为命。父亲的钱全部投入到了公司当中，父亲去世后公司没人接管，很快就倒闭了，两个人所拥有的就只剩下了一栋房子。此时的张勇已经进入了大学，他告诉自己的妹妹，必须要坚强起来，他们两个人一定要做得比任何人都好。

　　就这样，两个人开始过起了艰难的生活。张勇大学毕业后，进入了一家建筑公司，而张果则在家料理家务。两个人都非常努力。在一个周末，张勇下班后疲惫地回到了家，张果有些生气，抱怨道："哥，你怎么这么晚才回来？这个月的工资呢？刚物业又来收物业费了。"

　　张勇疲惫地揉着太阳穴，答道："工资还没发，老板说……"

　　"还没发？"张果提高了音量，继续说道，"一个月两千多块钱的工资还拖来拖去的。我同学小丽她哥，人家毕业就进入大公司了，现在是部门经理，一个月能挣六千多呢……"

　　"他能耐你叫他哥去！你一天天就在家不干活，这么晚了连饭都还没做。我一天天地就容易吗？回家连口热乎饭都没有，我白天有精力工作就怪了！"张勇也不满地抱怨道。

　　"就你辛苦吗？我白天也要上课，每天的衣服是谁洗？我不过今天没有做晚饭而已，你就这样说我！我干脆就不做了，你爱吃什么就吃什么吧！"张果也生气了。

　　"你能有多累？不过就是干干家务，你知道我的压力有多大吗？我们公司现在还要裁员，我真不知道下一步要怎么办。"越说越气的张勇一把扔掉手里的公文包，公文包摔到茶几上，把一个玻璃杯打碎了。这下，张果的眼泪再也止不住了："你就跟我发火！还跟我撒气！呜呜……"

就这样，一场闹剧上演了。实际上，张果之所以这天没有做饭，是因为她刚刚在大学实习时面试失败，心情不好，所以便跟哥哥撒了脾气，而张勇正面临着失业的压力，心情也不好。

与人交往的时候，我们缺少的往往是理解，对自己宽容，对他人却有些苛刻。我们如果过于在意自己，就会忽略他人的感受，我们失意、难过的时候希望得到安慰，别人也是一样。故事中的两兄妹，都对对方太苛刻了，所以最终闹了矛盾。

其实，我们在努力，别人也在努力，为什么我们不能鼓励一下自己，顺便也鼓励一下别人呢？这样生活会变得美好很多。不要去苛求太多，宽容一点，试着去接受自己的缺点和别人的缺点，这样我们才能真正体会到幸福和快乐。

第四辑

即使一无所有，
也要努力追求幸福

我们时常抱怨上苍不公，同样作为生命出生，为什么有的人一出生就锦衣玉食，而我们想要得到渴望的生活就需要拼搏？其实，幸福要靠自己去争取。有时，正因为我们一无所有，我们才有豁出一切的勇气。而在成功之后，我们更能守住手中来之不易的幸福。

　　真正的成功与幸福，并不是生来便有的，只有靠自己得来的一切，才是最美好的。

/ 与寂寞为邻，安心积蓄力量 /

生活在南极的企鹅，面临着非常糟糕的环境，在大陆和水陆交接的地方，冰层和冰凌占据了所有。

企鹅想要上岸，直接往上爬，要么被尖锐的冰凌扎到，要么就会从冰层边缘滑下来。所以，企鹅想要上岸，想出了一种办法。它们会一头扎进海里，用尽全力下潜，然后通过水的浮力向上跃起，最后弹落到陆地上。

比起奋力向上爬的方法，这种方法对于企鹅而言更有成效。人生何尝不是如此？有时比起不断向上爬，我们更需要深潜入水，获得破水而出，登上陆地的力量。如果没有深潜的功夫，一个人就只能永远漂浮在人生的长河中随波逐流，永远无法登上属于自己的陆地。

"冰冻三尺，非一日之寒；长江万丈，非一川之功"。深潜需要毅力，需要勇气，更需要耐得住寂寞。耐得住寂寞是"腾空而起"的前提条件。成功之前，只有你一个人踽踽前行，没有鲜花，没有掌声，没有赞美，也没有人会把目光多留在你身上一点，你必须在冷清中度日而且得执着前行。如要驶向成功的彼岸，那么寂寞就是一种积蓄，以积少成多的投入换取丰厚的财富。

很多人不甘平凡，总是寻找机会想要成名成才。可是，大家都忘记了一点——人生储蓄。在浮躁的年代里有多少人能真正沉得住气，潜心研究一些东西？谁能抵挡得住金钱的诱惑？谁愿意甘于寂寞，不为繁华所累？

在成功的道路上，通常难以守住寂寞，更难以消化寂寞。其实，与寂寞为邻不等于消极等待，而是积蓄力量，就像昙花一样；我们下潜也不是沉寂，而是为了磨砺自己，为自己储备破水而出的爆发力。下潜不等于忍气吞声，而是突破前的准备。储蓄力量的过程可能要和寂寞与痛苦相伴，但这两样却足以让我们获得养分，足以让我们强大起来！

公元前 496 年，吴越之战爆发，越国败北，勾践请降。吴王夫差以越王到吴国做人质为条件，许降撤兵。勾践一如夫差手下忠实的臣子，听凭夫差呼于车前马后。甚至在夫差生病时，勾践竟愿亲尝夫差粪便，以配合太医用药。三年后，夫差为勾践的"忠诚"所动，如勾践所愿，放他回到了越国。于是，勾践卧薪尝胆，整顿国政，励精图治，招贤礼士，重用能人，发展生产，安富救贫，使越国逐渐走向强盛。公元前 475 年，越国攻吴，吴国败北，夫差自刎。

勾践忍受住一时的屈辱，在寂寞中度过了多年，才换来了日后雪耻时的畅快，这是他的沉稳；勾践假装顺从，实则积累力量，这是他的谋略；勾践窥伺时机，恰到好处地释放出积蓄的力量，这是他的智慧。

十年磨一剑，积蓄是为了最终的灿烂，是为了最终的辉煌。所以，如果你现在与寂寞为邻，不要难过，不要绝望，相信自己，相信未来，潜心积蓄能量，等待机遇，将力量彻底释放！

/ 就算一无所有，至少我还有梦 /

"百度"是全球最大的中文搜索引擎网站。它的创立是源于李彦宏的努力拼搏和不懈奋斗。

当年，李彦宏在美国读研究生时，曾报名参加了一个研究小组。那时，他的回答让面试的教授不怎么满意。他还记得，那时教授这样问他："你从中国来？中国有计算机吗？"即便教授说这句话可能是无心的，但是李彦宏听了心里非常不舒服。因为那句话，他决定要改变这种情况，他不会认输，一定要实现"中国梦"。

从那时起，他的梦想就是有一天要通过他的技术彻底改变中国人民的生活。所以，毕业之后，他放弃了美国的高薪职业，回到了中国，创立了百度公司。

公司创立之初，一切都非常困难。那时，他在北大资源宾馆租了两个房间，当作是办公室，而公司的人加起来只有八个，与其说是公司，不如说是个工作室。不过，即便如此，他们的梦想都没有变，那就是做中国人自己的搜索引擎。

经过八个人的共同努力，到了 2001 年年底，他们的公司已经有所发展了。不过李彦宏并未止步于此。他认识到，如果他的公司想要突破市场，就要超越已经在市场上占有 60% 份额的谷歌。

第二年年初，李彦宏就组织公司技术人员开了个会。他告诉职工们，公司想要发展，就要在技术指标上超越谷歌。在那个时候，这个说法就像天方夜谭，百度公司不过是个新公司，而谷歌则是国际最先进的搜索引擎，这二者怎么可能放到同一台面上竞争呢？

即便如此，李彦宏仍旧坚信他们可以做到，他这样告诉公司的技术人员："虽然现在咱们的公司还比较弱小，在国内知名度和影响力都不大，但是咱们的公司凝聚了一批充满非凡理想和远大抱负的优秀人才。"

就这样，他们制定了名为"闪电计划"的技术攻关小组，小组里有 15 个成员，其中就包括李彦宏。他们在开发的那段时间里，将所有的精力都放到了工作中，而他们那段时间的食物基本上就是方便面，睡觉的场所也变更为办公室的地板。

他们夜以继日地工作，为了早一点完成计划。实际上，当时这些人完全有实力去 IBM、微软等跨国大公司，但他们选择了在百度放手一搏。他们放弃了优渥的条件，只是想要完成李彦宏的一个梦想，而这个梦想，也已然成为了他们所有人的梦想。

终于，功夫不负有心人。一年之后，百度公司达到了之前制定的指标，而且很多指标还领先于其他搜索引擎，这使得百度的知名度和影响力一下扩大，而百度也成为了全球最大的中文搜索引擎。

目标是梦想的构成部分，没有梦想，就谈不上目标。而有了梦想的指引，我们才有了拼搏的勇气和激情。就算现在的我们一无所有，只要守住自己的梦，勇敢地走下去，我们就可以比别人提前到达成功的彼岸。

每一个成功的人都有一个了不起的梦想，在梦想之初，或许会受到周围的质疑和嘲笑，但只要自己怀揣梦想，不忘初心，总能够让梦想照进现实！比起努力，我们应该优先找到自己的梦想，而且认准一个梦想，不管别人如何质疑，我们都坚信不疑，梦想才能一点点走到现实中来，我们的梦想才会感动周围的人。

梦想，是我们从儿童时代开始就有的，只是那个时候我们的梦想还不够成熟。不过，即便是这样，我们不得不承认，梦想仍旧指引着我们前进。

作为世界首富的比尔·盖茨，他从小就是一个"书呆子"，他对书的喜爱胜过一切。小时候，他喜欢浪漫唯美的童话书，也喜欢知识全面的《世界百科全书》。他时常一看就好几个小时。

小时候的比尔·盖茨就有着强烈的进取心，那个时候，不管是游戏还是比赛，他都要争第一。中学的时候，他进入了美国最先开设计算机课程的学校。在那里，比尔好像是一条找到了水的鱼一样，他的求知欲得到了很大的满足。那个时候，他最喜欢做的事情就是阅读计算机书刊和一些相关资料，不仅仅是读，他还会深入思考。

那时好胜的不只是比尔，他的同窗好友保罗·艾伦也有着很强的好胜心，这使得他时常向比尔发出挑战，虽然是竞争对手的关系，但是两个人都有坚强的意志力和强烈的进取心，这让两个对手也成了至交好友。艾伦曾说过这样的话："我们都被计算机的前景所鼓舞……比尔和我始终怀有一个伟大的梦想，也许我们真的能干出点事业。"

比尔青少年时期应该和大多数人有着不同的梦想，虽然那时的功名利禄对于大多数人而言只是一个抽象的观念，但比尔·盖茨却已经将这些看得透彻，并和计算机联系到一起了。当他成长之后，他的梦想进而变成了让每个家庭的书桌上都有一台个人计算机，计算机里运行的是他公司的软件。

正是这个梦想的指引，让微软开发出了至今仍在使用的 Windows 系列操作系统，而且也正是这个梦想，才让软件业诞生，并发展到了今天。

伟大的梦想造就了天才，并促使那些天才努力追逐自己的梦想，最终走向成功。成功需要梦想，但梦想需要坚持。

如果没有爱迪生的坚持，那么生活便没有了光明；如果没有革命志士的坚持，那么大家便没有了幸福；如果没有科学家的坚持，那么大家便没有了科技。

坚持的人，看到的永远是希望，心中总会是一个乐观的心态，体会到的往往是胜利与成功带来的喜悦。一个人必须坚持自己的梦想，因为梦想需要坚持来实现。漫漫人生路，怨天尤人，无济于事，只有在拼搏的过程中，不断坚持、进取、超越，才能让大家的人生之路越走越宽阔。

1819 年，有一辆在美国德克萨斯州上行驶的火车，在这列火车上，有一个卖雪茄和报纸的男孩。这个男孩 15 岁左右，瘦高个。虽然他叫卖着，但是他的注意力完全在旅客们所谈的与投资相关的事情上。

这个孩子名叫威廉，虽然现在他在卖报纸，但他有一个梦想，就是成为一个可以预测未来的交易商。当旅客们听到他的梦想后，第一反应就是嘲笑他，因为他们相信，没人能够预测未来。

可是，威廉却坚信自己的梦想，他住在地下室里，将数百万根的 K 线一根根地画到纸上，然后再将这些线贴到墙上，他面对着这些复杂的线条思考、发呆，有时一盯就是好几个小时。再后来，他将美国证券市场有史以来所有的记录都收集到了，然后从这些海量的资料中寻找着规律。只是那时候的他并没有工作，所以连度日都要靠朋友的帮忙。

在这样的状态下他度过了整整六年的时间。当然，他并不是疯了，而是在这六年中研究着美国证券市场的走势与古老数学、几何学的关系。好在他的努力没有白费，六年的时间为他换到了预测有关证券市场发展趋势的方法。

有了预测方法，他在金融投资中赚到了五亿美元，这也让他成为了华尔街上的一个传奇人物。

梦想不是奢侈品，不分贵贱，每个人都有资格拥有。但是，实现梦想就要和我们的眼泪与汗水相连了。如果没有脚踏实地的努力，没有坚持到底的决心，那么我们的梦想也只能是一个梦想。

不要抱怨别人的条件比我们好，我们什么都没有，正因为什么都没有，我们才能够抛开一切，专心去追求。不要担心梦想会崩塌，只要你相信它是稳固的，没有人能够推倒你的梦想。所有成功的人都有孤注一掷的勇气，我们一无所有，才更有拼搏的理由。

不要轻言放弃，坚持下去，你的梦想总有一天会走进现实！

/ 生气不如争气，努力争取美好的未来 /

在现实生活中，大家每天都要遇到很多事，并且要与很多人打交道，生气的事也会经常发生。许多人为此而抱怨、苦恼，甚至于大声地哭诉着生活对自己的不公，并且，长期沉溺其中不能自拔，终日被泪水和无奈的情绪所包围。

曾有位学者说过这样的话："生气，是拿别人的错误惩罚自己。"生气，是最没有意义的事情了，因为愤怒除了波及周围，让自己心情不好之外，并不能改变什么。

我们都想要获得成功，只是有时不会那么容易就如愿，因为挫折会找上门，那些嘲笑我们、排挤我们的人会找上门。面对这些，人们往往难以轻易接受，觉得老天对自己不公，觉得这个世界对自己不公。但实际上，我们得不到才会想要去争取，得不到尊重，争取就好了，只要我们不放弃去争取，就没有什么是我们得不到的。

生活会给予我们快乐，与之相应地，也会给我们伤痛。如果我们能够坦然地接受一切，知耻而后勇，那么我们就有成功的资格；但如果我们悲观丧气，怨天尤人，那么我们便与成功无缘。

吴刚是农村人，家境不太好，好不容易大学毕业，他想赶紧找一份好工作。为了面试时有个好形象，他节衣缩食想买一套西服。一次，他去一家服装店挑选西服，在付账时，竟发现自己看错了标价，而那套西服的价格，远远超出了他的承受能力。于是，他知趣地把西服放了回去。可是，等他转身要离开时，背后突然传来那个服装店老板的刺耳声音："没有钱，就不要耽误我的时间嘛，看你也不像买得起这套西服的人。"

吴刚顿时觉得自己受到了莫大的羞辱，他握紧双拳也无法控制双手的颤抖。但他仍旧努力压抑住了心中的愤怒，露出了笑容，回道："您说得没错，现在的我是买不起，但也只是现在，这并不能代表我以后也买不起。"老板听后，有些心虚了，连忙低下头整理西服了。

回到家里，吴刚反复琢磨着服装店老板的那句话，彻夜未眠："那个人虽然非常过分，可他的话也不无道理。如果自己不尽快改变现状的话，那么以后还会受到侮辱。别人看不起自己，那是因为自己有让人看不起的地方。与其躲在家里生闷气，倒不如奋勇而起，想办法去创造奇迹，用自己的实力证明给人看。"

此后，他不仅没有消沉下去，反而将这些侮辱都转化为前进的动力，他很快就在一家公司找到了满意的工作。上班后，靠着这股拼劲儿，几年之后，他从一个毕业不久的毛头小伙子变成了那家公司的一名部门经理。

当我们遭受挫折，有人上来踩一脚的时候，通常情况下我们会生气。但生气又能怎样呢？我们遭遇了挫折是事实，我们一无所有也是事实。这个时候，我们应该学习吴刚，接受对方的话，反思自己，然后去争取自己想要的，脱离眼前的困境。

生活中的每个人都应该争气，而不是生气。只有争气，一个人才能知道自己错在哪，也才能明白自己该怎样做。而一旦自己生气，而且常常生气，那只有埋怨，却于事无补。

理想是理想，现实是现实，生活不是我们脑海中的幻象，它不会按照我们期待的那样呈现。如果我们处于金字塔底端，那么我们就没有资格抱怨，石头注定是石头，只有闪光的钻石才会被注意到。我们现在在底端，不代表我们一辈子都是垫脚石，只要我们有向上爬的愿望和决心，那么我们就能够到达顶端。

希尔顿是全球知名的"酒店大王"。虽然他成名之后很风光，但成名之前的他，甚至不如一般家庭的孩子。

希尔顿从小就没有父母，他只能四处流浪，以乞讨为生。在一个冬天，他依偎在一个大酒店外墙的角落里。没想到，睡到半夜，他被门童一下扔到了雪地上。这让希尔顿非常气愤，他质问道："为什么要这样对我？"

没想到，门童丝毫不觉得愧疚，反而扬着头说道："这是经理要我这样做的。"

希尔顿顿时怒火中烧，但是他并没有因此失去理智，而是攥紧了拳头，咬着牙一个字一个字地说道："你们给我听好了，未来的某一天，我一定会开一家比这个饭店更豪华、更大的酒店。这句话你们一定要记住！"

从那之后，希尔顿开始努力工作存钱，最终创立了第一家"希尔顿酒店"，之后这个品牌发展成为了全世界最大的饭店集团之一。

没有人能够淡然面对屈辱，但有的人选择报复，有的人却选择了爆发。爆发是从内部打破的一种力量，将屈辱转化成奋斗的动力，进而取得辉煌的成就。愚蠢的人会生气，聪明的人会争气。只有弱者才会自己生气，强者会改造自己，用事实证明一切！

人生在世，很难一帆风顺，遇到挫折和冷嘲热讽，怨天尤人往往改变不了什么现实。自暴自弃则无非是认同了别人对自己的责难。别人看不起自己，但自己不能看不起自己。即便一无所有，也没有轻视自己的理由。

我们一无所有，没有的可能只是那些附着在身上的东西，比如财富、事业，但是我们的力量和能力是在我们内在拥有的，是上天赋予我们的，所以我们无须太过绝望，至少我们还有奋斗的本钱。

爬山有上坡下坡，我们的人生自然也有顺境和逆境，但我们的人生不会永远停留在谷底，或永远在巅峰，我们要做好这种准备，随时迎接到来的磨难。生气不如争气，在磨难面前，淡然一点，坦然接受失去，然后不断积蓄力量，重新争取自己的未来。

/ 潜能，是创造人生奇迹的基石 /

在日本札幌，有一位身材瘦弱的普通家庭主妇，她的人生就像一条直线，没有什么波澜起伏，她有一个四岁大的儿子。

有一天，她在楼下的院子里晒衣服，没想到，她的儿子竟然爬到了阳台上，并从阳台上掉了下来！她家住在八层，如果掉下来，必死无疑。当时不知是一种什么力量，让这名瘦弱的主妇奔了过去，并在第一时间徒手接住了孩子。因为她出手及时，孩子只受了一点轻伤。

这则消息很快就在媒体上发表了。而这则新闻引起了日本盛田俱乐部一位名叫布雷默的外籍教练的注意。他按照报纸上刊出的示意图分析计算，当时，这名主妇晾衣服的地点距离孩子的坠落地点有 20 米远，而八层楼高 25.6 米，如果要接住孩子的话，那么她必须以 9.65 米/秒的速度才有可能，短跑比赛当中，没有人能够达到这样的速度！

之后，为了解开疑问，布雷默专门找到了这个主妇，向她询问那天是如何跑过去的。但这名主妇的回答让他大吃一惊："我想是因为对孩子的爱吧。我不可能看着他受到任何伤害。"

因此，布雷默得出了这样的一个结论：人的潜力是无极限的，只要拥有一个足够强烈的动机，潜能就能够被挖掘出来。

后来，布雷默回国之后，还专门设立了一个"小山田径俱乐部"，以此激励运动员要很好地突破自我。而他的训练也初见成效，他手下的一名运动员成功获得了世界田径锦标赛 800 米冠军。

当媒体采访这名运动员的时候，这名运动员说道："那位主妇的故事一直激励着我，比赛的时候，我将自己想象成是她，而我此时正要去救我的孩子！"

不得不说，那名主妇能创造短跑速度的奇迹，凭借的是她在瞬间爆发出来的潜力，而之后那个运动员之所以能够夺冠，也是因为他受到了主妇救子的激励，也将自己体内的潜能挖了出来。如此看来，每个人都具有潜能，它就像一座大"金矿"，蕴藏着无穷的力量和动力。如果我们要想获得事业上的成功，肯用积极的心态将潜能发掘和利用起来，它一定会助我们一臂之力。

一般情况下，有不少人都认为，他人做不到的事情，自己一定也是做不到的。于是，他们就会习惯性地安于现状，决不会主动去改变现状，这样一来，潜能自然就得不到开发，并且，最可怕的是，它还会随着他们年龄的增长而慢慢减退。

曾有专业人士调查研究，得出了这样的结论："凡是普通人，其实只开发了蕴藏在自己身上的 1/10 的潜能，可以说，每个人不过都处于半醒着的状态。"是啊，我们的身体就如同一个宝库，潜能就蕴藏于其中，只是说我们都未接受过相关的潜能训练，所以，我们的潜能就不能很好地发挥出来。一旦将我们身上的潜能挖掘出来，在我们的一生中就能够起到"点石成金"的重要作用。

在现实生活中，也只有那些勇于挑战，具有强烈的进取心的人，才能将潜能挖掘出来，从而取得辉煌的成就。

潜能成功大师安东尼·罗宾曾经这样说过："并非大多数人命里注定不能成为爱因斯坦式的人物，任何一个平凡的人，只要发挥出足够的潜能，都可以成就一番惊天动地的伟业。"可以说，发挥潜能的程度是由自己的勤奋度决定的，凡是积极进取的人，都能深度挖掘自己的潜能，凡是消极懈怠的人，任何事情都会抱以"得过且过"的态度，潜能自然就得不到开发和利用。

20世纪的科学巨匠爱因斯坦，在他逝世以后，科学家们便开始研究他的大脑，最终得出了这样的结论：无论是从哪个方面衡量，爱因斯坦的大脑都和常人的一样，并没有什么特殊性。其实，这就说明了一个问题，爱因斯坦之所以能够取得常人不能取得的成功，关键就在于，他超乎常人的那份勤奋和努力。

所以说，不管我们处于人生中的哪个阶段，都不要陷入满是怀疑、否定的沼泽地里，而是要以积极的心态将潜能挖掘出来，因为，无穷的潜能才是帮助我们创造人生奇迹的有利基石。

/ 什么都没有，正是奋斗的理由 /

我们降生的那一刻是一张白纸，日后的人生我们为它填充了不同的色彩，赋予了它不一样的内容。有人或许在想，有些人出生的时候有着好的背景，自己在起跑的时候就已经落后了，但若是有着这样怯懦的想法，你将永远追不上对方的脚步。

其实，一无所有也是一种财富，因为一无所有，我们才有改变命运的决心，才有奋力一搏的坚持，才有轻装上阵的激情。

一位大师让三个徒弟上山砍柴。临出门前，给了大徒弟一把伞，以防天气有变；给了二徒弟一根拐杖，告诉他山路不好走时可以用得上；而最小的徒弟却从师父那里什么也没有得到。

小徒弟不免伤心噘嘴，小声嘀咕说："我最小，本该受到最多的照顾，可师父却这样对我……"

大师早就看出了小徒弟的心思，却含笑不语，只让三个徒弟赶紧上路。

傍晚时分，三个徒弟纷纷归来，都背回了两大捆柴。但大徒弟却被中午开始下的雨淋得浑身湿透；二徒弟跌得满身是伤；唯独小徒弟却安然无恙。

　　大师把三个人叫到了一起，三人见面后对彼此的结局都感到颇为诧异，不禁说出了各自的情况。拿伞的大徒弟说："当天空开始飘起零星小雨时，我因为有伞，就大胆地在雨中走；可当雨下大的时候，我却没有地方可以躲，也腾不出手来撑伞了，所以被淋得湿透了。但当我走在泥泞坎坷的路上时，我知道自己手里没有拐杖，所以走得非常仔细，专挑平稳的地方走，所以竟没摔一个跟头。"

　　接着，带着拐杖的二徒弟说："我正因为自己带了拐杖，所以当走到沟沟坎坎的地方时，便毫不在意，没想到竟常常跌倒。但是，当大雨来临的时候，我知道自己没带伞，所以尽量拣着那些能躲雨的地方走，身上自然也就没怎么被淋湿。"

　　这时候，小徒弟似乎明白了师父的用意，有些激动地说："我知道你们为什么拿伞的被淋湿，带拐杖的跌伤，而我却安然无恙的原因了！当大雨来时我躲着走，路不好走的地方我便格外小心，所以我既没淋湿也没有跌伤。"

　　大师仍然像刚出发时一样，慈爱地看着小徒弟，又转向大徒弟和二徒弟，对他们说："你们的失误就在于，你们有了自认为可以依赖的优势，便觉得少了忧患。"

　　许多时候，我们并不是跌倒在自己的弱项上，而是在自以为有优势、绝不会出任何问题的地方出了差错。往往，弱项和缺陷能让人保持足够的警醒，而优势则容易让人忘乎所以。在困境之中，大多数人都会下意识地千方百计去寻找救命稻草。然而，心理上的依赖情结越是严重，做起事来就越会马虎。更严重的是，也许困难最终得到了解决，可我们自己却从中没有学会任何面对困难、解决问题的经验，从而在依赖中错失了一次有助于成长的好机会。可以说，拥有的东西越多，顾虑越大。相反，若一无所有，反而什么都能豁得出去了。

拥有的东西越多，开创新的事业时需要放弃的东西就越多，不少人就是因为难以割舍，从而空幻想一场。

有一个记者在以色列做采访，他采访了很多人，而采访的对象从外交官到商贸工部官员，再到成功的企业家。当他问及这些人成功的秘诀时，这些人的回答是一致的，他们认为，自己之所以能够成功，是因为他们一无所有。

这并非是夸大其词，从经济社会发展的自然条件来看，以色列确实"一无所有"。这个国家的领土面积不大，而且土壤环境也不好，农业不发达，也没有可开采的石油，不大的国土上还有一半以上的面积是沙漠和半荒漠。

就算是这样的环境，以色列人也没有轻易言败，他们更加重视人的作用，以科技发展作为立国的根本，他们注重科研，所以这个国家任何一个领域都有着高科技的影子。虽然这个国家缺水，却研发出了节水灌溉和旱作农业技术。在水资源利用方面，更是有废水复用、人工降雨、海水淡化等很多高科技，而这些都领先于世界水平。

虽然我国地大物博，但在偏远地区也有资源匮乏、信息闭塞的地方。这些地方就像以色列一样，一无所有。但是，如果能够充分发挥人的智慧，将一无所有转变成奋斗的动力的话，那么经济一样会繁荣昌盛起来。

优势和劣势似乎是两个对立的概念，但这就像自卑和自信一样，只有一墙之隔，是可以相互转化的，没有绝对的优势，也没有绝对的劣势，就像矛与盾一样，二者相互依存。资源丰富的地方，人们往往缺少技术，更加依赖资源，我们也是，当我们资源丰富的时候，惰性就会吞噬我们，我们会依赖于环境。

但是，当我们一无所有的时候，我们就会抛开一切，一心拼搏。这才是我们改变命运的关键点。不要因为自己一无所有而忧虑了。上天是公平的，它剥夺了我们的一切，也会为我们准备好意想不到的另一种"恩宠"。

/ 人生何处不迷茫 /

当迷失于沙漠的旅人喝掉了皮囊里的最后一滴水时，他会做出怎样的选择？当一个人不小心掉进了水里，他会做出怎样的举动？当一个研究者历尽辛劳却最终得出一个错误的研究结论时，他又该如何取舍？曾有人问过一个坐拥百万家产的富豪，在他一无所有的时候，他凭借着什么走到现在？富豪严肃地说："虽然在别人看来，我一无所有，但我知道，我还拥有勇往直前的信念。"

生活是美好的，但生活也是残酷的。暴风雨总是与我们不期而遇，困难和挫折也许比我们想象的要多很多。在这些看似难以逾越的障碍面前，我们往往感到迷茫：自己的能力不够？抑或是自己做了错误的选择？

困惑常在，你停下来去究其根源就会发现，这不过是命运给你安排的考验而已，深究没有任何意义，你只要把握好自己的方向，选择勇往直前就够了。看看身边的那些人吧，总有些人因为失败而一无所有，但总有些人能够坦然面对这些，他们不会因为这样的打击就自暴自弃，他们仍旧会相信自己，相信命运，所以他们能够凭借永不屈服的精神和勇往直前的执着重新开始，而最终，他们也自然能够走出迷茫。

有两只青蛙外出觅食，没想到，一个不小心，它们双双掉进了牛奶罐。虽然罐中的牛奶不至于溺死它们两个，但困在罐里的它们似乎也出不去了。

其中一只青蛙看着高高的牛奶罐，心想："这下彻底完蛋了，这么高的牛奶罐，我是怎么也不可能跳出去的。"这样想着，它慢慢沉到了牛奶当中，被淹死了。而另一只青蛙不甘心丧命于此，它冷静下来，对自己说："我腿部的肌肉非常发达，我弹跳力很好，我一定可以离开这里。"它一边这样想，一边开始用力跳起，它一次次地奋起，一次次地跳跃……

不知道过了多久，顽强的青蛙突然发现脚下的牛奶不再是液体，而是坚实的固体了！原来，它的不断跳跃、搅动将牛奶变成了奶酪。这只顽强的青蛙最终通过自己的努力重获了自由，它跳出了牛奶罐，回到了美丽的池塘中，而它的同伴，则永远沉睡在了那块像琥珀一样的奶酪中！

有时我们就像是被困在牛奶罐中的青蛙，是否能够逃离困境，在于你自己怎么做。若是你像第一只青蛙那样，对人生感到迷茫、绝望，那么牛奶罐注定会成为你的坟墓。但若是你抛开这一切，一往无前，最终你会拨开迷雾，走向成功。

对于任何人来说，一时的失败只是一个过程，而非结果；一时的失败只是一个需要经历的阶段，而非全部的过程。真正可怕的，并非是危机来临，而是危机来临时我们却不自知，沉浸在迷茫之中。

当危机席卷而来时，残酷的事实让我们变得一无所有，我们也就没有了最后的犹豫和固有的陈规，只有勇往直前才是我们唯一的选择。一个成功的人，最明显的特质就是拥有坚定不移的意志力，不管外界的境地变化成什么样子，他的初衷和希望是不会改变的，这种不变的信念是支撑他克服障碍，走向成功的必然路径。

一个人在一无所有之时，往往也是其最具爆发力的时候；一件事走到绝地的时候，往往也是最具有转机的时候。当我们把一无所有看作是一种优势，而不是劣势的时候，我们距离成功也就更近了一些。当我们在困难面前抛开迷茫，勇往直前的时候，便能更加接近成功。

在一个航海学校里，老教授在和他的两个学生讨论航海经验。教授提出了这样一个问题："如果你驾驶的船在行驶的时候遇到了暴风，就在正前方，你们会怎么做？"

学生甲想了想，说道："我会马上返航，将船头调转180°，逃离暴风。"

教授摇了摇头，说道："船的速度没有暴风的速度快，暴风依旧会追上你，区别只是从船尾袭向你罢了。而且调转船头也很费时间，很容易被追上。"

学生乙想了想，也发表了自己的意见："如果是我，那么我就向右或者向左调转90°，然后脱离暴风。这样应该会比较安全。"

教授听了，依旧摇了摇头，说道："你这样做风险更大，如果逃脱不及时，侧面迎击暴风，反而增加了受力面积，会让船粉身碎骨的。"

这时两个学生都不知道该怎么办好了，他们看着教授，希望教授能给他们一个答案。教授说道："如果真的遇到了这种情况，解决的办法只有一个，那就是抓稳舵轮，让船头垂直迎向暴风。这样才能将船和暴风接触的面积减到最小。而且此时船与暴风彼此的相对速度组合在一起，能够减少与暴风接触的时间。更重要的是，你穿过暴风，就能看到最美的晴空了。"老教授说完，学生们也了然地笑了。

如果说人生就是一场旅行，那么海面上的暴风雨就是我们遇到的绝境。有些时候，横在你面前的困难是你无法躲避的，那是命运安排你必须经历的，这不是命运和你开的玩笑，而是人生给你的一种考验，看你是否有资格进入下一关。这个时候，你越是躲避，越是陷入不解。在这种时候，勇往直前才是唯一，也是最明智的选择。这种貌似危险的做法其实蕴含着莫大的人生智慧。

一帆风顺只是存在于人们的祝福之中，风雨无阻才是一个人应有的人生态度。一个真正的强者，永远不会计较自己失去了什么，他在乎的只是自己还有什么。一个拥有坚定信念的人，他的人生就是最富足的。

在我们的人生路上，所谓的失败，所谓的一无所有，所谓的迷茫，其实都是自己产生的一种悲观失望的情绪在作祟。在连续的失败之后，有人选择了听天由命，悲观消极，有人选择继续奋斗，最终成就大业。

在成功的道路上，我们看到的是鲜花而不是荆棘；在成功的人面前，我们看到的是现在的富足而不是当初的一无所有。作为一个渴望成功的人来说，内心的信念才是最值得自己骄傲的资本。

　　不要去管眼前的迷雾，你只需记住脚下的路；不要去看远方的岔口，你只要记住心中的方向。人生充满了迷茫，这一切都是混淆视听的干扰，你只要记住自己一无所有，只要记住目标是前方，提起勇气，一往无前，最终你就会通过自己的拼搏赢得胜利，成为真正的勇者。

第五辑

不纠结于过去，

亦不忧心未来

过去已经过去，未来还没到来。我们无论多么忧心未来，多么懊恼过去，我们都只能活在今天。我们总是在未来与过去上浪费了太多的时间，但是真的等到未来，我们却发现我们只停留在过去。难道时光就这样被我们白白浪费掉了吗？

　　人生如此美好，我们有权利去体会、去享受，而不应该活在忧愁当中。那些懊恼的过去，并不能决定我们的未来，只要我们经营好今天，未来再回望的时候，就会发现我们走过了最充实、最精彩的岁月。

/ 时光犹如白驹过隙，我们却领悟太迟 /

小的时候，我们总会说："我有一个愿望，将来的某一天一定要……"而当我们长大了，又在感叹："当初，我要是……就好了。"这似乎成了一个怪圈。为什么我们经历越多之后，越喜欢追忆过去呢？

时间就像溪流一样，畅快地前行着，就在我们迷茫的时候时间"滴答滴答"地走着，当我们醒悟过来的时候，才发现自己浪费了大好的时光，错过了无数的机会……

许多事情总是来不及去做，而当我们想做的时候，才发现我们已经老了。我们总是有很多很多的愿望，很多很多的理想想要实现，但最后往往等到我们有能力、有时间去完成的时候，却已经晚了。时光一去永不回，往事只能回味。我们为了一些不重要的东西，错过了多少愿望与理想？我们总是老得太快，却聪明得太迟。

不要等到我们老了才后悔。没有什么时间是最恰当的，如果想等那样的一个时机，那么我们就是在浪费人生。没有什么时候是完全准备好的，想要做什么，那就现在行动，不要等来等去，等得只剩叹息。

有一个富翁，他小的时候家里没有什么钱，他为了生活，很小就出去打工了。有一次，他看到了一张海报，海报上是耶路撒冷的图片，他觉得那里的景色真的是太美了，未来的某一天，他一定要到那里去一次！富翁下定决心。

终于，他工作稳定一些了，可是如果放下工作去耶路撒冷，那竞争对手趁着现在赶超自己怎么办？这么想的结果就是他放弃了去旅行的机会，假日里也加班工作，为了尽快打败敌手，他想，升职以后就可以去了。

后来，富翁升了职，可是他又遇到女友，他想，自己去的话女友肯定要抱怨，要不就等他们结婚的时候去那里度蜜月好了。没想到，他们结婚那一年，富翁正好辞职创业，正是需要钱的时候，他又想，这笔钱留下来的话说不定会有用，于是又一次旅行计划泡汤了。

再后来，公司步入正轨，可是他们又有了孩子，照顾孩子让他们无法去旅行，孩子长大后，他的公司又一次扩展，他又忙碌了起来……

当富翁真的闲下来之后，发现自己已经六十多岁了，现在公司已经交给了儿子打理，也不缺钱，他再没有什么事情缠身了。可是他却觉得自己已经老了，老得再也没有精力去旅行了。

我们的人生充满了各种各样的未知，我们打定主意做什么的时候，就应该要马上去做，像这个富翁一样，到最后什么都不缺，唯独缺了回忆。人生是拼搏的过程，但在拼搏的过程中，我们也应该要享受，这才是生活。

但是，有太多的人不愿意接受不够完美的自己，总是想要等到东风来，准备好一切再去行动。真的到了那个时候，一切都晚了。没有什么时候是一切都刚刚好的。与其在未来后悔没有等到那样的一天，不如今天开始就行动！

不管你做得如何，是对是错，都是属于你的今天。接受眼前的自己，接受今天的一切，你才会创造出属于你的未来。

有两个人是高中时期的死党，两个人曾在学生时代形影不离。后来，两个人上了大学，第一年，两个人时常发短信、打电话、写信。但是后来，女生有了男朋友，男生便自动退出了她的世界。

男生疏远了女生之后，两个人之间的联系就这样淡了下来。直到多年后的一次同学聚会，两个人才再次相遇。

但是，这次相遇男生吃了一惊，他没有想到，自己记忆深处那个小脸圆润，时常开心地大笑的女孩现在完全像变了一个人一样，凹陷下去的脸颊，还有满面愁容，一切都像是在描述着她过得有多不好。

席间，男生鼓了几次勇气都没能问出话来。后来，大家都喝多了，女生的脸才露出了一丝笑意，她对男生说道："你知道吗，其实我特别喜欢你"

男生也有些醉了，但是他完全知道女生在说什么。他自嘲地笑了一下，说道："看来咱们应该算是两情相悦了。我那个时候也喜欢你，只是没有告诉你。"

"你为什么不说呢？"

"因为那时我一无所有，我想等到大学毕业，有了稳定的工作之后……"男生的声音越来越小。

女生叹了口气，说道："为什么不让我跟你一起奋斗呢？"

"我不想你吃苦。"

"那你现在看我的样子觉得我吃苦了吗？"

望着女生憔悴的脸，男生泪如雨下。

错过是最大的遗憾，我们应该知道，一个完美的结局是由一个过程堆积的，过程或许会有波折，但这样才能有一个完美的结局。而不是什么都不做，等到最后一刻再去堆积。我们应该要接受那些无可改变的遗憾，但那些我们原本有机会去做的事没有做，这样的遗憾岂不是冤枉？

我们习惯于用当下去换取未知的等待，所以我们有太多的等待，但当我们真的等到那之后，早就物是人非了。我们年轻打拼的时候，想要为老去的时候积攒一些可以享受的本钱。但是当我们可以享受的时候，又发现自己已经无福消受了。

人生如一辆疾驰的列车，从不回头；人生如没有脚的飞鸟，从不停止；人生如瓶中的水，一旦流出就无法收回。所以，我们不要等到一切都失去了才领悟。想要做什么的时候，马上去做，不要等到时机已过，红颜已老时才想起年轻时的愿望与理想，到时恐怕除了叹息，也难有任何作为了。我们总是老得太快，却聪明得太迟。

/ 今天的日出永远是最美的 /

有一个老钟和一个小钟，它们都在同一个钟表店里。小钟今天刚刚被组装出来，听着老钟有规律的"滴答滴答"声，小钟有些担心地问道："难道你每天都这样不休息地走吗？这一生要走多少次呢？"

老钟想了想，笑着说："嗯，确实是一刻不停地走，没有休息。我们一年里要走三千多万次。"

听了老钟的话，小钟露出害怕的表情，说道："我怎么可能做得到呢？"

老钟慈祥地笑了，它摸了摸小钟的头，说道："你不用想那么多，只要每秒钟走一步就可以了。"

"就这么简单？"小钟有些不信，但还是听话地走了起来。

就这样，小钟按照老钟的话开始行动，一年时间很快就过去了，而它在不知不觉中已经走完了三千多万次。

看着未来我们可能遇到的麻烦，回忆着曾经遇到的麻烦，我们的今天便在惶恐之中过去了。为了我们幻想中的将来，我们将今天当作末日一般，付出了全部的努力，去为一个可能不存在的幻影努力……

这些真的值得吗？未来不好也罢，美好也罢，和今天又有什么关系呢？未来的事情交给未来，没有今天，未来也是不存在的。我们应该向小钟一样，不去想那么遥远的事情，看准眼前，活在当下，才能感受到生活的幸福。

未来还没有到，过去也回不去，既然如此，那么我们看着眼前的生活就好了。将过去和未来都放生，将今天当作最美的一天！

一天，一个年轻人到山上去散步。回来的路上，他看见智者在路上悠闲地散步，便上前询问："大师，时间如此宝贵，为何您不去思考人生，反而在散步呢？这样难道就能领悟到人生的真谛了吗？"

智者听后没有一丝尴尬，反而笑着答道："在你的眼中，要领悟的真谛是什么呢？所谓真谛，就是饿的时候吃饭，困的时候睡觉，如此而已。"年轻人听后，更为疑惑，便问道："世人不都过着这样的生活吗？智者也这样，和百姓又有什么区别呢？"

智者摇摇头，泰然答道："虽然做着一样的事，但又不一样，我吃饭的时候就只是吃饭，睡觉的时候就只是睡觉；而芸芸众生，吃饭的时候还想着下一顿饭，睡觉的时候还想着明天怎么过，怀念着过去。"

年轻人听后，有所感悟。

其实，我们每天都过着美好的时光，过着幸福的生活。但是，我们却总感受不到幸福，说到底，是因为我们对现在不够满意，忘不了过去，又忧心着未来，所以接受不了现在。

其实，幸福很简单，只要接受当下的自己，享受当下的美好，幸福就到来了。正所谓："春有百花秋有月，夏有凉风冬有雪。若无闲事挂心头，便是人间好时节。"

以前我们可能经历过辉煌，但那些年华已经逝去，即便我们心中存有莫大的遗憾，岁月也已经走远了。如果，我们能够放下执念，那么我们就不至于每天紧皱眉头，烦恼缠身了。

在山上有一个房子，房子里有一个智者和他的弟子。弟子的任务很简单，就是每天清扫落在寺院中的枯叶。

院子里面有很多树，秋天一到，所有的树都开始飘落叶，即使每天清扫，仍旧落叶满地。秋冬正是天气转冷的时候，可是为了工作，智者的弟子不得不每天都早起，去清扫落叶，而且，不管他怎么努力，落叶都没有减少。即便他努力扫完一地落叶，寒风一来，树上那些枯叶就会再次飘落。

对此，小弟子非常苦恼。怎样才能让自己的工作轻松一点呢？有了这个想法，小弟子每天除了扫落叶之外，又多了一份工作，就是想一想怎么减轻自己的工作。终于，小弟子想出了一个好办法。既然落叶总有，那么在它落下之前，将要脱落的叶子摇下来，之后再清理不就行了吗！

于是，小弟子马上付诸实施。这天早上，他没有直接清扫，而是抱着树干用力地摇晃。果然，在他的努力下，很多没有掉落的枯叶也飘落了下来。小弟子非常高兴，这回明天就不会有落叶了。扫完之后，小弟子满意地离开。

可是没想到，到了第二天，小弟子一出门就看到了满院的落叶。

就在小弟子伤心的时候，智者走了过来，说道："世上没有什么事情是可以提前的。你今天怎样努力，也是今天的生活，无法阻挡明天要发生的事情。你只要做好今天的事就够了。这才是最基本的人生态度。"

可现实中很多人的生活就像荡秋千，背后被一只无形的大手推动着，总是摆荡在过去和未来之间。他们因为过去忧愁，因为未来担忧，一直生活在虚无的飘荡中。

想要获得幸福，就把今天当作最美的一天。这才是幸福的捷径。从出生那一刻开始，我们就在走向死亡了，所以，每一天都是独一无二不可重复的。既然今天如此宝贵，我们就应该珍惜最美的今天。

时间过去了就不能回头了，所谓的永恒，也是由无数个当下组成的。所以，我们只有把握住每一个今天，才能在年华逝去时，微笑着回忆着美满的曾经。

/ 触手可及的，才是你的幸福 /

我们都渴望有更好的生活，这无可厚非。既然我们来到了人世间，就应该要努力过上最好的一生，不要白白走一遭。但是，什么样的人生才是最好的呢？为了明天不断地做着铺垫，委屈着今天的自己，难道未来就会幸福了吗？

真正的幸福，实际上就在我们身边，触手可及。

其实，说到底，幸福在于接受。有些我们以为的幸福，是海市蜃楼，远在天边，那些东西我们即便追到了，也不一定是内心中想象的模样。而身边的幸福，是真实的，是触手可及的。

我们可以为了明天而拼搏，但是为什么要为了明天放弃今天的幸福呢？为什么要用无数个真实的今天去换一个虚无缥缈的未来呢？这个社会上，活着形形色色的人，每个人都有不一样的生活轨迹，我们只能择其一，不可能每个都体会一遍。我们的昨天和今天，铺垫着我们的未来，要想轻松一点，就应该要把握住身边的幸福。此时，我们应该放下的是不知如何选择的明天，而不是辛苦堆砌的现在。

我们应该要学会放下那些不属于我们的东西，就像兔子是天生的素食主义者，鱼就应该在水里畅游一样，你不能强迫兔子去吃肉，也不能勉强鱼去适应陆地上的生活。兔子有兔子的快乐，鱼有鱼的幸福。为什么我们就不能找到属于自己的美好呢？

老王是一个普通职工，安安分分地过了半辈子，但是他并不想这样活。他也想过一过富翁的生活。当然，没有物质条件，这样的生活是享受不来的。于是，老王将视线转到了股市。他听说很多人都是在股市里一夜暴富的。别人可以，我为什么不行？

想到这，老王就决定通过股市大赚一笔。第二天，他就带着自己半生的积蓄进入了股市。正逢牛市，股票大涨，是个好时机，可是老王的股票却跌了，虽然幅度不大，但老王就觉得手里的股票不好，直接卖掉，转而买了另外的几只股。可是就在他刚卖没两天，那几只股就大涨，让老王恨不得咬碎了牙。

老王的邻居也是个股民，不过他的邻居炒股炒了半辈子，钱也挣了不少。这是老王一直眼红的事。邻居劝他，卖掉现在的股票，虽然现在的股票没有跌，还在涨，但是幅度不大，快到顶点了，会跌的。老王觉得邻居是怕他也赚钱，便不去理会。

令他没有想到的是，没过几天，果然像邻居说的那样，他买的几只股票开始下跌。老王觉得会像之前他卖掉的那些股票一样，还会涨，但事实却是股票一直跌。

进股市转了一圈，最终老王什么都没有得到，便灰溜溜地回到了现实生活中，继续过起了朝九晚五的生活。

生活就是这样，我们每个人都扮演着不同的角色，自然过着不同的生活。我们不是不应该奋斗，而是应该为自己的生活而奋斗，在今天的基础上奋斗。如果偏偏不接受自己，不接受现在，那么你的未来是不可能有立足点的。

我们的人生是向前的，我们应该看向前面，而不是无意义地扬着头，不要去羡慕别人的生活，不要丢弃属于自己的一切。要知道，眼前触手可及的，才是实实在在的幸福。

/ 别一直沉浸在过去的伤痛里 /

狐狸和兔子一起散步，路过一个果园，狐狸问道："那棵树上长的果子是什么？好吃吗？"

"是橘子，我听妈妈跟我讲过，不过我也没有吃过，要不咱们摘两个尝一尝？"兔子建议道。于是，狐狸和兔子爬上树，摘下了两个橘子。

"呸呸……这是什么水果啊，又酸又涩！难吃死了！谁会这么傻，吃这种东西？"狐狸吐着舌头，表情扭曲地说道。

兔子也觉得很难吃，但它还是想了想，说道："会不会还没有熟？"

"秋天是收获的季节，怎么可能没有熟。以后我再也不吃了。"说完，狐狸就走开了。

可是兔子觉得它应该再尝一次。于是在冬天的时候，它发现橘子变黄了，便抱着试一试的心态摘了一个，发现酸甜可口，非常好吃。于是它开心地去找狐狸，并把这个消息告诉了它。

"你肯定想骗我！我才不信呢。上次吃了一口，嘴里苦了好几天，我再也不吃了。"狐狸说完便关上了门。

从出生开始，我们就在进行着不断地探索，一步一个脚印地堆积成了现在。有些时候，回忆过去，我们会刻意躲避那些让我们痛苦的回忆，因为那些阴影，会让我们在多年之后仍旧感到悲伤。

逃避痛苦是我们的一种本能，可是逃避并不能让我们真的忘记。往往面对过去的苦痛，接受那些失败，我们才能释然，才能继续向前。那些我们原以为忘掉的伤痛，其实早已经化作内心的阴影，当相似的经历到来之时，我们会自动躲开，进而放弃了很多本可以得到的幸福。

狐狸因为吃过一口酸橘子，便记住了它的苦味，再不愿去尝试。但那味道其实是以前的，我们太过于在意那些受到的伤害，才会郁郁寡欢。时间不是静止的，一切都会随着时间淡去，我们又何必抓着过去不放手呢？

昨天做错了，那么接受这个事实，然后总结经验，今天调整就好，不要等到所有的当下都变成昨天的时候，再去后悔没有把握住幸福。

有一个商人，小时候和父母的关系不是很好。后来他为了经商，未经父母同意就中途辍了学，这让商人和父母之间的关系降至冰点。那时，极度愤怒的父亲甚至扇了商人一个耳光，让他永远不要回家。

虽然商人时常和父母出现分歧，但说到底他还是爱自己的父母的。被父亲赶出家门让他非常伤心。同时他也下定决心，永远不再回家。就这样，十年时间里，他未曾回过家。他把生意做了起来，还娶了妻子，生了儿子。

其实，在这十年时间里，父母早已经原谅了商人曾经的选择，甚至打电话让商人回家去看一看。但商人总觉得尴尬，他脑子里总是回想起父亲赶他出门的场景。就这样，他找遍了各种理由都没有回去。

直到有一天，商人接到母亲的电话，说他的父亲去世了。商人才开始后悔。如果他早一点释怀，那么就能在父亲去世之前多尽孝，多陪陪他。然而，这些都只能是遗憾了。商人平复了所有的悲伤之后，就像变了一个人，他不再找理由不回家，而是将母亲接到了身边，一家四口人和乐地生活在一起。

人生在世，不可能每一天都过得完美，总会有缺憾。当缺憾来临时，我们应该做的不是深陷痛苦，也不是想办法逃避，而是应该去面对，接受它所带来的结果，然后从中总结出经验，这样才能真的解决问题。

我们活在今天，即便昨天的我们是伤心的，也不该延续到今天。没有什么伤痛，是值得我们陷入一种逃脱不了的轮回的。这并不是说我们要抛弃过去，只是告诉我们，过去不应该过度留恋，我们应该把一切都留在现在。

刘翔曾经在北京奥运会上失利，当时的他说"下次我一定会做得很好"。这才是对待伤痛应该有的态度，发生了就是发生了，发生过就已经过去，我们能够改变的只有未来，而不是过去。人生那么长，谁没有做过错事？但这些错事，值得我们付出一辈子去痛苦吗？

有一个丹麦的大学生，在暑期的时候，他为了社会实践，而充当了本地导游，带着外来的游客参观。他的运气不错，接到了一个来自美国的富豪旅行团。因为是学生，他怕自己做得不够好，所以他尽可能多地做一些额外服务。这让那些来旅行的美国人心情大好。于是他们邀请青年去美国旅行，他们会提供食宿和机票。

　　青年没有想到富豪说的都是真的，一周后，他接到了对方寄来的机票，从丹麦到华盛顿的，还有从华盛顿到芝加哥的。青年准备好行李便出发了。他先是来到了华盛顿，入住了对方为他安排好的酒店。

　　青年想，自己带着打工挣来的不少钱，应该可以去很多地方玩一玩。可是就在他高兴的时候，一摸口袋，才发现自己的钱包丢了！和钱包一起丢的还有他的护照！这可怎么办啊，青年非常着急，他一个人在异国他乡，什么都没有，口袋里只有几块零钱，要怎么办呢……

　　折腾了半夜，青年突然意识到，钱夹已经丢了，着急也找不回来。现在他好歹还有去芝加哥的机票，而赞助他这次旅行的就是芝加哥人，到了那里，说不定对方可以帮他想办法。明天就算没钱他也可以逛一逛华盛顿，至少没有白来一次。这样想着，青年就不再去想皮夹的事情，很快就进入了梦乡。

　　第二天，青年徒步去了白宫和国会山，搭顺风车去了博物馆，用剩下的几块零钱买了热狗。一天过得快乐而又充实。虽然原定的一些收费景点他去不了了，可是这些免费景点他都看得很仔细。等第三天，他去芝加哥找到了赞助他旅行的人帮忙，补办了护照，并得到了回国的机票，这样旅行也算完满了。

　　等他回到丹麦以后，这趟美国之旅最使他怀念的却是在华盛顿漫步的那一天。

　　如果青年总是纠结自己粗心丢了钱包，那么他可能在美国就没有什么美好的回忆了。有时候，过去的伤痛并没有我们想象得那么严重。

　　我们应该要相信，时间永远是最好的治愈师，我们觉得难以愈合的伤口，早就随着时间愈合了，我们觉得疼痛只是因为我们无限次地在脑海中重复它当时的感觉。说到底，不过是一种错觉。

　　不要再被错觉折磨了，曾经的我们或许被伤害过，但随着时间的流逝，我们也成长了。我们是否要给自己一些信心，让自己相信，如今的我们已经强大到可以面对过去的伤痛了呢？不要被过去绑住，放开吧，今天，才是我们应该面对的。

/ 未来就交给未来去证实 /

我们从出生开始，就为了明天而拼搏了，但是，有些人却总是担心着明天，而不知道今天应该做些什么，总想快一点到达明天，好揭开那个心心念念的答案。然而，当你真的无所事事地走到明天后，就会发现，原来没有今天的未来不过是个幻影。

人生的重点应该是当下，因为我们能够把握的就只有当下。不管你怎么纠结过去，怎样忧心未来，你面对的也只有当下。今天是连接过去和未来的重要转折点，把握不住，那么什么未来都是空谈。

不管我们今天烦心也好，失意也罢，我们都不用担心未来会怎样，接受现在的一切，然后努力做出改变，未来，则交给未来去证实。

有一个年轻人，刚刚大学毕业，不知道应该选择什么样的职业才能有一个比较好的未来。他像许多同学一样，投出了无数份简历，现在，有几个回复。一个是知名公司的实习生，一个是小公司的策划，还有一个是大公司的销售。在这些选择中，他陷入了纠结。

他的同学建议他进入小公司，小公司有前途，以后发达了他就是元老；家人希望他进入知名公司，虽然是实习生，但知名公司怎么也比小公司强；朋友建议他去做销售，说销售最容易升职。年轻人很苦恼，因为他怕自己一步走错，以后会后悔，毕竟择业是事关人生的大事呀！如果一个不谨慎，那么未来就只有后悔的份儿了。

年轻人不知道应该怎么办，便找自己的老师咨询。一大早，年轻人就来到了老师办公室。年轻人将自己的苦恼一股脑地倾诉了出来。

没想到，老师没有直接回答他，而是问道："一会儿你午饭吃什么？"

年轻人不知道老师是什么意思，但还是老实回答了问题："还没想过，一会儿看食堂有什么就吃什么。"

"那你吃完午饭干什么？"老师笑了笑，继续问道，似乎不准备就这样结束话题。

"和同学约好了去打球……"

"如果下雨呢？"

"天气这会儿很晴朗，应该不会下雨……如果下雨了就安排别的事……"年轻人不知道老师葫芦里卖的什么药。

说到这，老师终于笑了，说道："你连今天的事都没安排好，担心未来做什么呢？"

确实如此，未来充满了太多未知，我们无法让它完全按照我们的计划进行，我们只能制定一个方向，然后中间的过程由我们来一点点填补。其实，我们在今天完全没有必要太过忧虑。就像年轻人那样，其实无论哪种选择都好，因为这只是一个开始，只要我们每天都有所进步，那么不管我们当初做的是什么选择，未来都不会太差。

　　未来的具体样子我们现在看不到，所以不要总是否定当下的自己，该怎样努力就怎样努力，这才是当下的生活。

　　在蒙特瑞综合医科学校有一个年轻的学生，进入这所学校，未来应该是成为一名医生的。但是这名学生总是充满了忧虑，他怕自己无法通过期末考试，担心自己无法毕业，更担心自己以后不能成为医生，担心自己没有工作……

　　但有一天，他看到了托马斯·卡莱的一句话，这句话改变了他的人生。托马斯·卡莱是这样说的："最重要的就是不要去看远方模糊的事，而要做手边清楚的事。"受到启发之后，他不再去担心摸不到的未来，而是努力做好今天的事。多年之后，他成为了著名的医学家，还创建了约翰·霍普金斯学院。他就是威廉·奥斯勒。

　　威廉一直将托马斯的那句话记在心里。当他垂暮之年的时候，曾到耶鲁大学做演讲。他在演讲的过程中讲了这样的一个故事：

　　"我在演讲前一个月，曾经因为事务而远行。我坐着邮轮在海面上行驶了很久。偶然的一天，我在去找船长聊天的时候，正好看见船长在工作。当时的他按了一个按钮，然后机械运转声过后，船体的几个部分便被隔开了，形成了几个单独的防水隔舱。"

　　讲完故事后，在大家疑惑的眼神中，他继续说道："我们每一个人的人生，都比那条巨大无比的轮船精美，所走的人生远比它的航程远。我们应该做自己人生的船长，控制一切，将人生分成无数个独立的今天，活在独立的今天才是最保险、安全的做法。未来就在今天，没有明天这个东西。精力的浪费、精神的苦闷，都会紧紧跟着一个为未来担忧的人。养成一个好习惯，那就是生活在一个完全独立的今天里。"

奥斯勒博士接着说道："为明天做得最好的准备，就是集中所有的智慧、热忱，把今天的工作做得尽善尽美，这就是能应付未来的唯一方法。"

没错，我们的人生就是无数个今天堆砌而成的，永远追着明天跑，会丢失当下。即便现在的我们还不成功，也没有什么不可以面对的，成功需要一个开始，我们可以将任何一个今天当作是成功的起点，进而一步步迈向成功。

我们今天的努力究竟能不能在未来获得成果，那就交给未来去确定，我们不要好高骛远，要努力完成眼前应该做的事。

第六辑

爱对了是爱情，

爱错了是青春

　　没有恋爱的青春不算青春，没有苦涩的爱情不算爱情。人生就是如此，在我们最美好的年华，上天总会为我们安排一个他……但，相爱，就要相守吗？爱情的保质期究竟有多久？爱，又能持续多久？

　　面对一个又一个的问题，我们沉默了。难道爱情注定要分别吗？难道爱情过后注定要归于平淡吗？爱是青春，是经历，是人生必要的一个过程，即便最终以分离收场，我们也要感谢，在最好的年龄，遇到了那个人。当热恋过后，即便有些乏味，我们也可以相伴一生，共享岁月静好。

/ 接受完整的爱人，才有完美的爱 /

我们每个人都是缺了一只翅膀的天使，只有找到了拥有另一半翅膀的天使，才能飞翔。这或许是对爱情最好的诠释。爱情，最浅显的一层是感觉，感觉对了，就是爱了。但是，若要相爱，那么就要更深一层，明白相守。

从一个个体变成两个人，我们会得到对方的爱，相对地，我们也要学会付出。想要真正地相守，不是停留在感觉这么缥缈的阶段，而是要学会接受，接受一个不完美但完整的他（她）。

钟灵已经到了待嫁的年龄，却仍旧孤身一人。她觉得自己的要求并不高，却不知道为什么自己在情场上却屡屡受挫。

钟灵是一个好强的女孩，虽然她在职场上很努力，很强势，但是回到家，她希望有一个让她栖息的港湾，那个男人，应该要有彩虹一样耀眼的笑容，冬日暖阳一般的怀抱。最好每天都能为她准备爱心早餐，晚上能够陪她一起看电影，给她讲笑话，听她说一说工作中的烦恼。

她说出这些条件的时候，朋友在一边想了想，说道："你的初恋男友不就是这样的一个人吗？"

钟灵摇了摇头，说道："没错，他是很温柔，很体贴。可是，他太没有上进心了，在一个咖啡厅做服务生，而且他觉得这样的生活状态很好，一点改变的意思都没有。"

"你喜欢有上进心的？"朋友继续问道。

"是啊，这是最基本的吧。男人应该有自己的事业，这样才能给女人安全感。我觉得男人只要事业有成，就算霸道一点、大男子主义一点也无所谓。"

"你前男友不就是这样的人吗？"朋友疑惑不解了。

"可是他在家什么都不干，每天都只谈工作，一点都不关心我……"

朋友听着钟灵的抱怨，无话可说了，而钟灵又陷入到了对前男友的批判当中。

如果钟灵不改变自己的看法，那么她不可能获得幸福。因为世界上没有 100 分的另一半。我们不完美，所以渴望找到一个完美的情人。但现实当中，这是不可能的，人无完人，我们不完美，又怎么能要求别人做到完美呢？

所谓相守的爱情，其实是要找到能够弥补你不足的那个人，这样你们两个才会有完整的爱。两个人要互补，对方可以接受你的缺点，同样，你也要接受对方的缺点，这样爱情才能继续。否则，什么样的感情都接受不了时间的消磨。

爱一个人，不仅仅是付出，也是接受。用带着爱意的眼光去看待他（她），包容他（她），你们之间的联系才会越来越紧密，才有可能越爱越浓。

陈丽和张成两个人是青梅竹马，从小一起长大，两个人上学的时候还是同桌。虽然两个孩子在一起成长，但是他们两个的性格却截然不同。陈丽脾气火爆，说话直来直去，性格开朗；而张成性格比较温暾、内敛。就这样完全不同的两个人，在大学时走到了一起，毕业后还结了婚。

结婚时，他们两个没有房也没有车，住在出租屋里。陈丽在大公司当白领，而张成在小公司做程序员。陈丽的同事知道两个人的故事后，非常不解，便问道："你喜欢他什么？"

"嗯，不知道，只知道和他在一起很幸福。"

"他在小公司里做一个程序员，没前途，没有钱。性格又温暾，在家里不无聊吗？"同事还是不能理解。

"不会啊，我话很多，如果他也是个话痨，那家里不是要吵死了。他听我说，多好。至于钱嘛，我倒是觉得无所谓，我挣得多一点，他挣得少一点，防止他有钱学坏。"陈丽得意地说着。

"可是看你丈夫每天很忙，都没空接你，肯定家务也不是他包揽的吧？"

"男女平等，一起做就行啦，为什么非要他一个人做呢？两个人都上班，都很辛苦的。"陈丽笑着说道。

"我想，我知道你为什么这么幸福了。"同事没有再说什么，了然地笑了。

其实，每个人都有缺点，相对地，每个人都有闪光点。同样的一件事，看的角度不同，结果就会不一样。我们为什么可以对着陌生人给予宽容，却要用严苛的标准来对待我们的伴侣呢？

陈丽是聪明的，她知道幸福的秘籍，知道要爱一个人就应该爱他的全部，只有这样两个人才能一直走下去。爱情，不是别人眼里的幸福，而是冷暖自知的，不管你的另一半在别人眼里怎么样，只要你觉得他（她）完美，那么他（她）就是完美的。

如果我们带着放大镜去观察另一半的缺点，那么什么都会暴露在阳光当中，你心里不舒服，对方也不会快乐。两个人在一起，不是为了互相折磨，而是为了互相扶持，既然如此，就不要用挑剔的眼光去看待对方。

相爱容易相守难，两个人在一起，是一种磨合，只有到达了互补的平衡，才能真正地走下去。迈出第一步吧，接受最完整的他（她），爱他（她）的优点，包容对方的缺点，相互扶持，然后，一起去看细水长流。

/ 喜欢就是放肆，但爱是克制 /

青春年少时，我们高喊着"×××，我爱你！"肆无忌惮，那个时候我们拥有着一生中最美好的年华，有着可以挥霍的青春，有着无处释放的感情。我们可以轻易地许下承诺……但是，随着成长，我们不再轻易表达自己的爱了，也明白了，青春年少时期的爱只是一种懵懂的情感，真正的爱，难以那么轻松就说出口。

有部电影中说过"喜欢就是放肆，但爱是克制"。我们大可以举着"喜欢"的告示牌放肆地宣泄自己的感情，但在爱面前，往往会考虑得更多。

高鹏是一个性格开朗的大男生，他的笑容充满了阳光的味道，从大学时代起，他就总是能够吸引无数女生的目光。但是，他却把自己的目光完全给了一个人——杨欢。

杨欢是一个开朗的女孩，性格有些大条，总是和男孩子打成一片。在一起玩的时候，大家习惯于拿杨欢和高鹏开玩笑。而每次开玩笑的时候，高鹏都笑着大声说："杨欢，我喜欢你！"

"那毕业就结婚吧！"杨欢总是不会脸红，同样大声地回答着。

　　当然，周围的朋友只是开个玩笑，并没有真正地当回事，而两个人也是肆无忌惮地开着玩笑。不过，真相是否真的如此，就只有两个人心里知道了。

　　学生时代，大家打打闹闹就过去了。转眼间，毕业季到了，大家不得不面临分别。那些已经在一起的，相约考上同一所学校的研究生，而这对被同学们开了三年玩笑的搭档，却不知该如何面临分别了。

　　杨欢喜欢音乐，她的父亲便决定送她出国深造，这意味着她要放下国内的一切。终于，杨欢鼓起所有的勇气，在毕业前一天找到了高鹏。

　　"你爱不爱我？"杨欢单刀直入。一时让高鹏愣住了。他不知该怎样作答。实际上，他们两个人都知道他们之前说的话并非只是玩笑，里面是掺杂了真心的。但是他知道，杨欢要出国。如果是以前，他会毫不犹豫地挽留她，但是现在，未来很远，他不能为了一个不确定的未来就阻碍她。他爱她，所以更希望她能够实现自己的梦想。

　　沉默许久，高鹏开口了："祝你一路顺风。"杨欢哭了，高鹏笑了。

　　多年以后，两个人再次相遇，此时的高鹏已经是一个外企的CEO，而杨欢则成为了知名的音乐家。两个人看着熟悉的眼神，握住了对方的手。

　　人生会给我们各种各样的考验，这些是我们躲避不了的，两个人在一起，会发生各种各样的事。是死死握住对方的手还是接受残酷的现实选择放手，成了我们需要思考的问题。爱，不是随口说说，也不是轻易给出承诺，在爱面前，我们要学会克制，只有接受了现实考验的感情，才能经历未来路上的风风雨雨。

幼稚的感情会让你用全世界换一颗红豆，而成熟的感情，会让你看到全世界。不要死死抓住自以为是的感情，真正的感情是风筝，即使你放手了它也在你周围。如果你放手了它就不在了，那么就证明这段感情配不上你的付出。这种时候，你就应该接受现实，选择放手。

爱是美妙的，它能够滋润我们干涸的心灵；同样，爱也是可怕的，它会让我们变得盲目，有可能让我们的心一片荒芜。

如果爱，就全心去爱，但我们也不要忘了给自己留出一片天，接受爱最真实的模样，即便有些残酷，即便不那么美好，也是实实在在的。

/ 爱情，是两个人的电影 /

女人对男人说："我爱你，为了你，我什么都可以去做。"

男人摇了摇头，说道："可是我不爱你。"

"我为了你可以付出一切，为什么不能和我在一起?"女人有些歇斯底里。

"对不起，我不爱你……"男人重复着这句话。

当晚，女人给男人打电话，说道："我现在在家里，我买了一堆安眠药。你要是不答应和我在一起，我就去死! 我说过，我为了你什么都愿意去做的。"

男人的声音听起来有些不耐，男人说道："我能够为你做的就是现在打 120。你不要再做无意义的事情了。不是你不够好，而是我不爱你。"女人听着男人的话，泪如雨下。她想不明白，为什么自己付出了所有，却仍然得不到对方的爱。

她在痛苦边缘挣扎，吃下了手边的安眠药。但男人果然就如他所说的那样，挂掉电话就打了 120，所以女人并没有生命危险。只是在住院的日子里，她的亲人、朋友，包括关系一般的同事都来看过她，唯独那个她放在心里的男人一次都未出现过。

　　爱情这部电影，从来都有两个主角，自己想着要为对方付出一切，也要对方愿意接受，爱情才能够成立。单方面地认定对方是自己命中注定的那个人是没有意义的。爱情不是工作，不是有多少付出就有多少回报，借用歌词来形容，那就是"爱情这东西没道理的"。

　　虽然我们觉得这样的说法有些冷酷无情，但事实就是如此，不管我们接受与否，这都是爱情本来的样子。我们可以为一个人付出一切，但前提是我们不能要求对方一定接受，为我们的付出而感动。爱一个不爱自己的人，就像是一场赌博，他（她）可能会因为你的付出而感动，因为长久地了解而对你心动；同样地，他（她）也有可能因为你的付出而感到压力、感到厌烦，即便加深了解对你也没有产生感觉。这两种结果都有可能存在，所以在我们付出之前，要先做好接受两种结果的准备。如果我们像故事里的女人一样，认定对方会按照自己的剧本演出，那么最后就只会剩下绝望。

　　爱情是美好的，但不一定值得我们用生命去赌。有了生命，爱情才有载体。付出一切能够做的也无非就是让对方相信我们爱他（她），却不能强迫对方因此而爱我们。所以，付出也要给自己留一点底线，接受好与不好两种可能产生的结果，保持自我，然后去爱。这样，不管对方是否爱你，至少你仍旧是完整的你，没有丢失自己。

　　爱；是在平等的世界相爱，如果不是适合的人，那就注定不是良人。

　　老鼠在觅食是时候看到了向地面冲刺的蝙蝠，觉得蝙蝠实在是太美了，于是它鼓起勇气，去表白。它说："蝙蝠，我们在一起好不好？我爱你。"

"可是我并不爱你，我们不是一个世界的。"蝙蝠摇了摇头拒绝道。

"可是我爱你，这不够吗？"老鼠非常伤心，不甘心地嚷道。

"你可以爱我，但我不能和你在一起。咱们不合适，因为不是同类。我有翅膀，而你没有。"蝙蝠说道。

"那么你可以和我一起生活在陆地上啊！"老鼠仍旧不肯放弃。

"我的梦想是和心爱的人一起飞翔，我不够爱你，也不能为你放弃我的天空。"蝙蝠如实相告。

老鼠听后，点了点头，说道："好吧，爱情总要有所牺牲，你不够爱我，那就由我来改变吧！"

蝙蝠听了非常不解，劝阻道："你不要去做傻事！飞翔需要翅膀，而你没有，不要自寻死路，这是不可能实现的。"

但老鼠心意已决，再也不肯听一句话。它相信爱情是有魔力的，能够让它真的飞上天。于是，它找来两片树叶充当翅膀，跑到悬崖边跳了起来。结果可想而知，爱情没能让它飞起来，而是失去了生命。

我们总是希望赋予爱情更为浪漫的定义，比如爱情能够让我们心有灵犀。可事实上，这只是两个人爱久了才会产生一种默契。所谓的爱情的魔力，也只有两个人相爱的时候才会产生，一厢情愿，最终也只能一个人暗自心伤。

爱情，说到底是没有实体的东西，没有另一半，它就看不见也摸不着。所以，我们在爱情中，看中的应该是对方，而不是概念中的爱。

爱情这部电影从来就不是独角戏，只有两个人互相配合才能完美落幕。一心想着自己的爱情是没有意义的。

我们要接受爱情的本质，同时，也要做好对方不肯配合就落幕的准备。这样，我们才不会被痛苦吞噬，才能及时抽身。

李米和胡奇结婚有五年了。他们两人相差八岁，是在一次旅行中相识的。那时候的李米刚刚大学毕业，正是最有活力的年龄，她要为大学留下一个完整的句号，于是去云南旅行。而那时的胡奇已经事业有成，成了一家跨国企业的地区负责人，沉稳内敛。两个人相遇之后，很快便陷入了爱河。

胡奇因为年龄不小了，所以便马上和李米结了婚。李米想要出去找工作，胡奇却不愿意李米受累，坚持要李米在家做全职太太。因为爱，李米答应了。就这样，两人的日子过了五年。但现如今，他们的婚姻遭遇了危机。

原来，李米结婚后就做了全职太太，在家渐渐地不修边幅起来，有时候胡奇回家了李米还没有做晚饭。这让胡奇心生不满，便抱怨道："你每天在家时间那么多，却连这点事情都做不好。"

李米也觉得委屈："我不是你的保姆，也不是你的撒气筒，你不能在外面受了什么委屈就全在我这里发泄。"

"你现在的样子就像个泼妇。"说完，胡奇便不再吭声了。李米觉得这样的生活没意思。每天婆婆都逼着她生孩子，她却对老公一点安全感都没有，看着回来越来越晚的老公，李米的不安越来越强。

终于，有一天李米提出和胡奇离婚。虽然胡奇挽留了她，但她仍旧坚持离开。离婚后的她搬出了大房子，自己找了一份工作，过起了快乐的小日子。不久后，她遇到了生命中的另一半。

爱情就是如此，开始后不一定就不会结束。在时间的长河中，如果对方不能够接受完整的我们，不能够接受爱情的现状，那么我们也要学会潇洒。爱情的主角是两个人，你不能企图掌控全局，掌控对方。爱不是控制，而是互相体谅、互相尊重。

我们得到爱，也要接受爱情中的不完美。这样，我们才能爱得从容，才不至于因为爱情失去理智。爱情也是有底线的，把握这条底线的前提下相爱，这样两个人才能够演绎出一部浪漫唯美的爱情片。

/ 爱走了，但心还在 /

男孩和女孩相爱了，两个人在一起很是甜蜜，和所有热恋中的情侣一样。男孩每天牵着女孩的手送她回家，早上给她买来热乎乎的早餐，在楼下等着她。女孩则会在天冷的时候买毛线，上网学着不同的针法，给男孩织了一条温暖的围巾……

日子这样平缓地过着，两个人活在他们的小世界中。虽然女孩没什么钱，男孩也没什么钱，但是两个人总有做不完的浪漫事。他们手牵着手走遍了城市中的每条道路，每个地方似乎都有他们两人相爱的痕迹。

但是，随着两个人的成长，男孩发现女孩变了。男孩依旧如以前一样，给女孩爱和温暖，但女孩似乎对这些已经麻木，有了越来越多的不满。她看着男孩买来的包子和豆浆，抱怨道每天都吃这些东西，生活没有盼头；坐在男孩自行车的后座，女孩抱怨秋天的风太冷；两人一起去逛街，女孩看着橱窗里的精美衣服抱怨他们的生活中永远没有这些……

男孩听到这些，默默无言，他只有更努力地工作，想要给女孩想要的生活。直到一天，女孩提出了分手，男孩沉默地接受了这一切。

男孩的朋友知道后，便批判女孩太现实，太虚荣。相对于朋友的愤怒，男孩更加平静，他说道："既然已经不爱了，那就没有必要互相折磨。"

爱情就是如此，来的时候轰轰烈烈，走的时候免不了惨淡收场。分手是热恋当中的人所不能理解的，但是当爱走了，分手就是我们必须面对也不得不接受的结果。

有的人，在分手的时候尽可能地挽回，甚至以死相逼，但恋爱不是游戏，可以重置开始。相爱的两个人都不会轻易地说出可能失去对方的话。所以，如果有一天，对方真的说了分手，那么我们应该平静地接受。我们可以伤心，可以难过，但不能失去理智。

人生路上，我们因为寂寞，因为孤独，需要有人相伴，如果这个人没能陪你到最后，那么就证明他（她）不是你的那个良人。我们大可以放手，等待着生命中真正的他（她）出现。爱就算走远，但是我们的心还在，失去了爱，我们不能失去自己的心。

有些人抱着"没有爱，毋宁死"的态度，其实大可不必，我们过的是属于自己的人生，爱情中的另一半是陪伴我们的人，但我们还是要走属于自己的路。当爱淡了，抓不住了，就要学会放手。漂亮的水晶杯破掉了，就只是一堆碎玻璃，如果紧抓不放，只会让自己鲜血淋漓！

女孩找自己的好友哭诉，说自己所爱非人。朋友非常不解，两个人一起奋斗了很久，连房子都买了，怎么会突然间发生这样的事呢？

在朋友的追问下，女孩哭着说："他变心了，爱上了另一个女孩。就跟我提分手。在我们分手之前，我们两个共同努力买的房子也卖掉了，他拿着我们两个的钱去给那个女人花。那个女人跟别人诋毁我，他也不出面。现在连公司的同事都用异样的眼神看我……"说到伤心处，女孩的眼泪就像断了线的珠子般流了下来。

"那你想要报复吗？"朋友问道。

"不，即便我知道他这样，但我仍旧爱着他。我这么爱他，他怎么可以这样对我！"女孩控诉着男人。这个时候，朋友注意到了女孩手腕上触目惊心的刀痕，震惊地看着女孩。女孩抹着眼泪，说道："我真的该做的，不该做的都试过了，可他还是不肯回头。我实在是太痛苦了，除了这样，我不知道自己还能够怎么做。我真的不想放手。"

"亲爱的，"朋友叹了口气，接着说，"他会心疼你，是在他爱你的时候，现在你伤害自己，他仍旧不会回头，说不定还会看不起你。既然他放弃了，那你也放手吧，向前看，别再作践自己了。"

失恋，对于任何一个尝过爱情味道的人来说，都是一种痛苦的折磨。它就像是烙印一般，向自己展示着什么叫作物是人非。曾经疼自己的人不再为自己担心；曾经爱自己的人不再把自己放在心里……可这就是失恋必然会存在的现实。

我们在爱情中投入了多少，分手时的痛苦就会有多少。青春年少，我们所爱非人也不是没有可能的。只要我们及时发现了，那么一切就不算晚。人生那么长，我们即便爱错了，也还有修正的机会，说不定真正属于我们的另一半就在不远的将来等着我们。

别为了不值得的人伤害自己，对方不爱了，那就接受，放对方自由，也给自己解脱，把自己的心从对方身上收回，然后继续自己的人生。

爱，不丢人，爱对了是爱情，爱错了，是青春。

/ 婚姻是开始，爱没有尽头 /

我们年轻的时候，都在想，真正的相守就是结婚，只有结了婚，两个人的未来才有了保障。似乎在大多数人眼中，婚姻就像是爱的保险一样，结了婚就安全了，不用担心两个人的未来了。

如果你拥有这样的想法，那么就要警惕了。婚姻并不是爱情的终点，而是爱情真正的开始。无论你们两个人如何相爱，爱情都是需要经营的。

爱不经营，是会变淡的，别等到爱情消失的那一天再去后悔。

宋华和尹力是在大学时相识的，当时两人都是最好的年龄，和大多数处于那个年龄阶段的男女一样，他们经历了很多浪漫的事。一起吃路边的麻辣烫，一起压马路，一起看电影……

宋华非常爱尹力，尹力也同样爱着宋华。但是对于大学生来说，未来还是有些不确定的因素，宋华很想守护住这来之不易的爱情，她决定，就算毕业，尹力决定回老家，她也会义无反顾地跟去。她想好了，要和尹力相守一辈子。

很快，三年的时光过去了。毕业来临之际，尹力问她要不要跟自已回老家去，宋华毫不犹豫地点了头。两个人便回到了尹力的老家，开始找工作。没有工作的日子大家都是着急的，宋华更是如此，她不好意思住在尹力的家里，于是自力更生，而尹力也忙于工作，一直没有时间跟宋华聊未来。

当两个人都有了工作之后，宋华开始不安了，她一再地催促尹力结婚。一开始，尹力还劝她，说道："你要相信我，相信咱们的未来。我会对你负责任的，我会做好安排，现在咱们还没有什么实力，这样结婚的话，婚姻也不会牢固的。"

这样的话说多了，尹力也腻了，而宋华仍旧步步紧逼。最严重的时候，宋华甚至指责起尹力来："我放下一切跟你来，你连婚姻都不愿意给我。我没有那么多青春可以浪费。如果你再不娶我，咱们就分手！"

尹力生气地甩出了存折，说道："好啊，分手就分手！我都快攒出首付的钱买房了，准备买了房就马上向你求婚，你连我求婚都等不到，看来咱们两个也走不长远了。"

爱情是两个人的事，婚姻是两家人的事，我们在缺乏安全感的时候，可能希望婚姻早点到来。但当我们惧怕婚姻的时候，它似乎就成了我们眼中的爱情坟墓。其实，婚姻应该是情到深处的自然选择，我们相爱是为了相守，而不是为了一张结婚证。

尹力和宋华明明相爱，却因为结婚的事最后不欢而散，这绝不是相爱的两个人应该得到的结果。爱，我们只需要深爱，而结婚，其中还有着责任。如果对方没有准备好，或是自己没有准备好，就贸然地踏入婚姻的殿堂，那是对自己的不负责任。

　　婚姻让我们享有一定的权利，同样，我们也应该接受婚姻赋予我们的义务。两个人在一起，互相包容，情才会越来越浓，而结婚证，不过只是一张纸罢了。当然，这并不是说我们相爱就不要去考虑婚姻。

　　婚姻会让我们更有归属感，当然，从自由之身变成两个人其中的一个，我们也要做好接受生活考验的准备。柴米油盐是需要考虑的，但是，我们也不能忘了对方曾经的样子，不能忘了热恋时的那种感觉。

　　李惠和方天两人是自由恋爱的，情到深处，两个人自然考虑起了未来。和那些恐婚的男士们不同，方天很想和李惠过一辈子。于是他马上买了一枚钻戒，跪地求婚了。李惠看着亲朋好友羡慕的目光，感动不已，看着王子一般的方天含泪点头。

　　两个人就这样步入了婚姻的殿堂。本来他们以为结婚后日子会非常美满，没有想到，婚后的生活反而让两个人的距离有些遥远了。方天是大企业的白领，长相英俊，穿着也很有品位，他总是能吸引各路女生的视线。但他真正的样子只有李惠知道。方天在家里穿短裤、光膀子，周末甚至不洗头也不洗脸，就窝在沙发上看报纸，报纸堆了满桌子。平时干干净净的房间，方天回来就乱得不成样子了。

　　李惠一开始好心收拾，结果方天还嫌弃她收拾了找不到，两个人时常因为这种小事拌嘴。李惠不禁有些后悔，如果一直不结婚就好了，自己就总能看到方天最光鲜的一面，现在可好，他的帅气全留给外人了。

　　而方天对李惠也不是很满意。李惠在结婚前总是画着精致的妆容，但现在方天才知道，李惠为了鼓捣出一个形象，要花费一个多小时。每次两个人一起出去约会，他都要忍受李惠磨磨蹭蹭、拖拖拉拉地打扮。

而在家的李惠有时也有些不修边幅，看电视抱着薯片窝在沙发上哈哈大笑，以前温婉的样子不知道去哪儿了。

两个人对彼此都有不满，日子过得也就不那么顺利。眼看着两人间的距离越来越远，李惠的朋友给她出了个好主意。于是她跟方天约好，今年的结婚纪念日他们要去外面过，两个人各自准备，在结婚纪念日之前不要见面。

就这样，到了结婚纪念日那天，方天穿着精神的西服出现了，而李惠也恢复了曾经楚楚动人的模样，两个人看着对方陌生又熟悉的样子，都愣住了。许久之后，两个人才牢牢地牵住了对方的手。

我们爱一个人，看到的都是对方的优点；但是当双方结婚之后，看到的除了优点之外，还多了不少缺点。夫妻是比较特殊的一种关系，两个没有血缘关系的人，却凭着一种感情紧密地联系到了一起。两个人来自不同的环境，有着不同的成长轨迹，两个人之间发生摩擦也是再正常不过的事情了。

夫妻间有一段不合拍的过程是正常的，不会说因为拌了几句嘴、打了几次架就证明两个人不合适，或者婚姻是错误的。我们要接受婚姻带来的改变，好与不好，都在于我们如何经营。既然相爱，那么就要互相包容，认真对待婚姻，我们展现自己缺点的时候，也要接受对方的缺点。

爱情想要保鲜，那就不能将婚姻当作爱情的结束，而是将它看作爱情的开始，每天都保持着自己最美的样子，这样，不管是七年，还是 17 年，你们都是人世间最令人艳羡的神仙眷侣。

/ 给爱留出自由的空间 /

相爱容易相守难，只要有了感觉，两个人就可以相爱，但相守远不是这么简单，相守不仅仅是互相扶持，更多的是互相尊重。两个人在一起，虽然走着同样的一条路，但仍旧是两个独立的个体，不能以相爱之名束缚对方。

相爱，却给对方自由的空间，这样一来两个人才能如鱼得水。简单来说，这就像是两只刺猬之间的关系，天气寒冷的时候，我们想要彼此相拥取暖，紧贴彼此，不留一丝缝隙，但也正因为这样，身上的刺会伤到对方。爱情中，距离通常是最重要的，拥抱得太紧，会让我们窒息的。

再完美的爱情，也不过是手中沙，握得越紧，流失得越快。留一点缝隙，反倒让沙子留在了手中。爱情想要不出现变数，那么就不要总是怕它会失去。给对方一些自由，两个人才能更加相爱。

李响在下班的前一分钟，接到了妻子的电话。

"亲爱的，你下班了吗？今天如果你不忙的话去接孩子怎么样？我和同事有点事，你随便做一点饭，我很快就到家。"女人温柔的声音从听筒中传了过来。这是他们生活的日常。李响非常疼爱自己的妻子，所有的家务活都一手包办，没让她插过手。也难怪连他妻子的闺密都羡慕不已，说她过着公主一般的生活。

可是今天，李响觉得很烦躁，因为他最近工作压力特别大，所以他没有像往日那样温言细语地说情话，而是有些生气地质问道："你有什么事？又去逛街吗？你就不能偶尔主动做一次饭吗？"

他的妻子听后没有生气，而是从中探听出了李响不好的心情，于是体贴地说道："好吧，那今天我就给你露一手。你今天可以晚些回家，不用担心，我会安排好的，你要注意安全……"

李响挂掉电话之后便开车出去了。今天他的心情不好，所以也没有按时回家吃饭。当午夜时分，他回到家的时候，妻子和孩子都已经睡着了。他轻手轻脚地走进厨房，将搞得一团糟的厨房收拾干净。

正在这时，他的妻子悄无声息地从背后搂住了他，说道："我就知道你肯定又要收拾一遍。"

李响握住妻子的手，问道："孩子睡了？他没有问我为什么没回家吗？"

"问了啊，我说你今天要玩捉迷藏，暂时躲一会儿。"女人俏皮地皱了皱鼻子。

"谢谢你理解我……"

再相爱的两个人，在一起久了也会产生摩擦和矛盾。任何喜欢的东西看久了也会变样，即便你的另一半再完美，总是盯着他（她）、跟着他（她），也会让他（她）产生烦躁的错觉。都说距离产生美，保持一点距离，才能让爱情持久保鲜。

你或许觉得自己很渴望与对方形影不离，但爱情终究是两个人的事，我们不能自私地决定对方的想法，捆绑对方的自由。同样地，当你觉得对方靠得过近的时候，我们也可以稍稍拉开一点距离，为自己争得一点应有的空间。

他与她相恋多年，转眼间他们早已过了七年之痒。这期间，两个人没有什么大的矛盾，也没有什么小的摩擦。本来平缓的生活，却让女人觉得异常焦躁。他们的工作都不错，有着优越的物质生活，他们曾经说过不要孩子，也没有因为孩子的事情烦心，但她不知道为什么，心里越来越焦躁。

终于有一天女人忍不住对男人说："我公司有事，需要出差一个星期。这个星期应该会很忙，那里信号也不好，就先不要给我打电话了。等事情解决完了我就回来。"女人说完，便提着准备好的行李箱走掉了。

女人离开的第一天，什么事都没有发生，但是第二天，男人找不到自己的一条领带，便给女人打了电话，却发现妻子的手机关机了。他打了好几次，妻子的手机都没有开机。男人有些担心，便给妻子公司打电话。得到的结果却让他吃了一惊——妻子请假一周。

男人脑子里顿时产生了各种各样的假想，他开始给妻子的所有朋友打电话，查询妻子的刷卡记录，疯了一般地寻找妻子。终于，最后在一家酒店，他看到了穿着浴袍，喝着红酒，看着电影的妻子。这样的场景似乎和他脑海中的某些场景相撞了。男人愤怒之下，开始四处寻找他想象中应该存在的一个男人，但最后他谁都没有找到。

愤怒的他便质问妻子："你不惜欺骗我，自己一个人藏在这里，到底是想干什么？"

"我只是想偶尔一个人……"

"你厌烦了咱们的婚姻和爱情吗？"男人更加愤怒。

"正相反，我想带它出来透透气，给咱们的爱情保鲜。"女人微笑着回答道。

爱情不是一时的轰轰烈烈，相守的爱情更重要的是细水长流。总想着牵着彼此，最后就只能落得两相生厌。不要去想什么每天缠缠绵绵的浪漫，适时地回味一下一个人的生活，给彼此留些空间才能守护住得之不易的爱情，让它永不变色。

我们因为爱而相守，但在一起并非一定要如影随形，我们仍旧是独立的个体。你和我，才是我们。比起占有，我们更应该学会不牵绊、不缠绕，给他（她）空间，也给爱一些发酵的空间，这样你的生活才会每天爱意满满。

/ 归于平静，才是一路牵手的爱情 /

何为爱情？汤显祖的解释是："情不知所起，一往而深。"如此浪漫的情感，是我们懵懂时期的憧憬。当我们梦想中的那个另一半走进现实的时候，我们又发现，无论是诗词里的唯美，还是电影中的轰轰烈烈，似乎都和我们所经历的不一样。

那些让我们情窦初开的爱情电影中，往往男女主角会经历各种各样的磨难，然后相守，或者相爱却没能在一起，但是他们对彼此倾尽所有的付出还是赚足了我们的眼泪。没错，爱情就应该是这样，用行动来证明。

但是，当我们遇到了那个他（她），却发现爱情并没有想象中那么特别，没有什么大风大浪让我们证明自己对对方的爱，也证明不了对方是否真正地爱着我们。于是我们便倾尽全力去试探，最终却和爱情渐行渐远……

是我们太过平凡，还是我们配不上最好的爱情？当我们出现这种疑问的时候，就应该要重新审视爱情了。爱情来时，让我们觉得周围的一切都变得美好起来。就像是歌词中唱的那样："最美的不是下雨天，而是与你一起躲过雨的屋檐。"没错，一切都那么的漂亮、温暖。

但是，当最初的悸动过后，爱情便成了柴米油盐的琐事。其实，爱情是美好的，只是我们给予了它太多梦幻的定义和不切实际的妄想。这世上没有什么是十全十美的，包括爱情。我们的人生有巅峰和低谷，同样地，爱情也有平淡如水的那一天，这是我们不愿去接受却必须要面对的现实。

难道说，爱情的结局就是两个人凑合过日子吗？并非如此，如果我们换一个角度来看待爱情，说不定也能在平淡中体会爱的味道。

刘湘、李梅和韩妮是关系要好的朋友。刘湘长得非常漂亮，追求她的人不计其数，不过刘湘哪个都看不上眼。物质条件好的，她觉得粗俗；思想深刻的，她又觉得不切实际。总之，兜兜转转，她都没有一个看得上眼的人，不过刘湘并不担心，因为她认为，世界那么大，一定能够找到一个完美的情人，如果没有这样一个人，她宁愿单身一辈子！

李梅长得并不美艳，她是个现实主义者，认为要恋爱，就应该要找一个能够携手过一辈子的男人。想要和一个男人过完一辈子，就和找朋友是一样的，必须有共同语言，有着同样的目标，必须各方面都匹配，才能互相扶持走完一生。

韩妮和她们两个的看法都不一样，韩妮没有刘湘那么美的外表，也没有李梅那样的进取心，她只是觉得，人活一辈子，总会遇到一个跟自己走一生的人。她对爱情和婚姻并没有什么幻想，对想要找的男人也没有什么具体的要求，她觉得只要两个人看对眼了，那就可以了。

三个人大学毕业之后没多久，韩妮就通过相亲的方式遇到了赵括。赵括长得并不帅，也没有什么远大的理想，平凡得站到人群中就找不到了。不过两个人对彼此的感觉都还不错，觉得可以相处看看。

在他们恋爱之初，刘湘和李梅就站了出来表示反对，觉得韩妮是因为没有目标，没有恋爱经验，才会看上赵括这样平凡的男人。

不过韩妮在这件事上坚持自己的看法，她觉得未来的日子现在无法下评论，不管未来她是否能和赵括走到一起，至少在这一刻，他们是相爱的。既然爱情来敲门，她就没有理由把它拒之门外。

刘湘和李梅没能阻止韩妮。于是，韩妮在大学毕业两年后，便嫁给了赵括，两个人过起了柴米油盐酱醋茶的平凡生活。又过了两年，韩妮做了妈妈。时间平缓地过着，韩妮觉得日子过得很幸福，但是刘湘和李梅每次看到她都唉声叹气的。她们觉得韩妮的大好年华全部浪费在不值得的事情上了。

不过韩妮依旧没有当回事，她觉得过日子，还不都是这样。时间就这样缓缓流淌过去，当三个女人到了中年之后。刘湘早就不想当初的那个理想了，她只是觉得一个人很孤独，但是半老徐娘的她已经没有了那些追求者们。李梅则经历了一段婚姻，她嫁给了自己的上司，两个人有着同样的理想，然而他们的婚姻生活中总是充斥着工作，以及工作带来的分歧和争吵，最终，两人以离婚收场。受了情伤的李梅自此便成了怨妇，抱怨男人没一个好东西。

而韩妮呢？生活依旧，朝九晚五，抚养孩子，家庭和睦。在这些的滋润下，她看起来特别美丽。

当我们相爱的时候，内心就像是平静的湖面投入了巨石，波涛汹涌。但是当涟漪过后，生活会再次回归平静，只不过，我们的生活中会多了一个他（她）。爱情回归平静之后，才是完整的爱情，虚无缥缈的东西，那只是我们的一种感觉，脚踏实地的生活才是爱情最真实的样子。

爱情给我们带来了温度，令我们心生悸动，但爱情不是童话，浪漫也只是小插曲。初恋的时候，每个人都很有激情，随着相识、相知、相爱，一切美好的尽头就是现实，当回归现实时有些人难以承受了，于是有了"婚姻是爱情的坟墓"的话，但是，如果没有现实的婚姻，那么爱情岂不就是"死无葬身之地"了吗？

真正的爱情不应该是王子与公主，而应该是我们不是王子或公主，但对方也始终如一地爱着我们，将我们视作王子和公主。不管生活怎样现实，珍惜身边那个平凡却奋不顾身爱你的人，珍惜柴米油盐的平淡幸福吧！

第七辑

你不珍惜的，

一定会失去

"我值得拥有更好的。"每当这样告诉自己的
时候，我们都会不甘心过眼下的生活。已经得到
的，就不要去怀疑，人生是一个追逐的旅程，我
们要不断追逐。

　　但是，上天已经做好了安排，有些东西注定
不属于我们。在这些东西上花费了精力和时间，
究竟值得吗？我们真正应该在意的，是已经拥有
的。有些时候，我们不曾在意的东西，往往如空
气一般重要，不要等到失去的时候再追悔莫及。
把握好眼前的幸福，才能体味到人生真正的快乐。

/ 你可以有欲望，但别臣服于它 /

在一个森林里，猎人捕猴子有一种特殊的方法。他们会用绳子拴住一个窄口瓶，然后将猴子喜欢的花生米放到瓶子里。当猴子路过，看到喜爱的花生米时就会过去拿。但是当手伸进瓶中之后，就拔不出来了。猴子也就被抓住了。

这是猴子的一种特性，它们不会轻易放开手里的东西，因而猎人们才能利用这一点来抓猴子。

我们会觉得猴子愚蠢，因为它为了一点蝇头小利而丢了更多的东西。可事实上，我们又何尝不是如此呢？人生在世，我们有太多的错误，由于太看重眼前的利益，在该放弃的时候却不能放弃，结果铸成了大错，悔恨终生。人的一生也是如此，有的人一生忙碌，什么都想要，可到头来却什么都没有得到。

人生在世，我们从出生开始便因为欲望而奔跑，我们渴望成功，渴望有好的生活，这些无可厚非。并不是说欲望这两个字是丑陋的。我们可以有欲望，但我们应该是欲望的主宰，而不是被它控制。

有一天，一家商店的橱窗上贴出了这样的一个招聘通知："本店特招一位自制力强的年轻人。达到条件者予以录用，薪资每周一派发，薪酬为每周 600 美元。"

这显然是一份不错的工作，大家争相转告，都想要参加面试。卡特也参加了这次面试。面试的时候很简单，考官坐在前面，给求职者一张报纸，只要完整地将报纸上的内容读出来就通过了。大家都以为很简单，但是通过的却一个也没有。

卡特是第 70 个应聘者，他进入房间后，考官问道："小伙子，你能把这篇文章读出来吗?"考官递给了他一张报纸。卡特看看文章并不长，他也识字，便点了点头。

"好吧，你就读这一段，要不停顿地读下来，你能做到吗?"考官笑着看着卡特。

卡特又点了点头，答道："可以的，先生。"

考官笑着点了点头，示意他可以开始了。就在卡特开始朗读的时候，突然旁边的门打开了，跑进来一群毛茸茸的小狗，有的小狗在卡特脚边转圈，有的小狗蹭着他的裤腿，别提有多可爱了。但是卡特就像没有感觉到一样，坚持读着手里的文章。

当一切结束之后，考官开心地问道："你读书的时候，没有注意到脚边的小狗吗?"

"注意到了。"

"你不喜欢它们吗?"考官又问道。

"当然不是，我非常喜欢小狗。"卡特如实回答。

"那你为什么都没有看它们一眼呢?"

"因为您跟我说要不停顿地读完这一篇文章。我想读完之后再去看它们也是可以的。"卡特挠了挠脑袋。

"看样子你非常注重自己的诺言啊。"

"是的，先生。"

"那好，你被录取了，明天开始来上班吧！"

诱惑面前，我们更应该保持清醒的头脑，拒绝诱惑。如果被诱惑左右，我们将会失去原本拥有的一切。我们其实已经拥有很多，只是我们的欲望也不少，在满足自己的欲望之前，我们更应该先问一问自己，这真的是自己想要的吗？自己真的值得为此付出吗？只有想明白这些，才能做到无怨无悔。

否则，我们盲目地追逐欲望，到头来发现丢失了原本的幸福，那么一切就都得不偿失了。

在一个小渔村里，有两个贫穷的渔夫。

一天，他们相约一起去出海打鱼。没想到，因为遇上了风暴，他们二人没能及时返航。他们越飘越远，来到了一个荒岛上。荒岛的边缘是一艘船的残骸，看来，有船遇难了。他们两个在残骸中发现了两袋黄金！这足以改变他们的生活。

两个人非常高兴，商量一人一袋平分掉。就这样，他们带着重重的两袋黄金返航了。可是让他们想不到的是，回去的途中再次遇到风暴，船被吹翻了。他们只得拿着黄金袋子往岸上游。然而，黄金太重了，会消耗他们很多的体力。

其中一个渔夫思考起来，究竟是黄金重要还是命重要呢？这袋黄金确实足以改变他家的生活，但是也有可能让他就此丧命。没了命，什么都没有了，他再也见不到自己的妻子和孩子了。经过内心的一番权衡，他扔掉了黄金。

而另一个渔夫见前面的渔夫放弃了黄金，马上潜入水中，拿起了那袋黄金，他还在高兴，自己有两袋黄金了。但是黄金实在是太沉了，他又舍不得放开手，最终他和黄金一起葬身海底。

我们为了想得到的东西会费尽心力去争取，甚至是不择手段。但是，我们得到的东西真的值得我们付出一切吗？故事中那个舍弃黄金的渔夫明白，黄金再重要也没有命重要。他有家庭，有温暖，这些远比物质重要得多，所以权衡之下，选择了珍惜眼前拥有的。而另一个渔夫则愚蠢地成为了欲望的奴隶，最终葬身大海。

越是物欲横流的环境，我们越应该看清自己拥有什么，而不是自己还没有什么。幸福往往是珍惜眼前所拥有的一切，如果被欲望控制，觉得自己一无所有，那么最终你将会失去一切。

我们的一生会放弃很多东西，鱼和熊掌不可兼得。如果不是我们应该拥有的，我们就要学会放弃。有所得就必然有所失，只有学会了放弃，才能拥有更多，才会活得充实，才能活得快乐。

/ 名利不过指间沙 /

有人拼搏，是为了自我实现，而有人拼搏，则是为了功名利禄。名声自然是好的，但它也是一把双刃剑，它能带给你荣耀，同时也有隐患。名利，往往将我们的一切都摆到了大家眼前，我们要想没有损失，要付出更多的心血，在为名利奋斗的时候，我们可能会失去更多。

她是闪光灯下耀眼的明星，这是她儿时的梦想。

女孩从小就长得漂亮，多才多艺，没多久，她就被星探发现，于是她与一家影视公司签约了，出道了。大家都很喜欢她，她觉得这才是她应该拥有的人生。但是，随着名气而来的，还有烦恼。她再也不能和自己的朋友一起去逛街，打打闹闹，因为她无论干什么，都逃不过媒体的跟拍，今天她和朋友闹了不愉快，第二天新闻的头条就是她。

她觉得这是她应该要承受的，因为她是明星。但渐渐地，女孩发现自己不再是众人眼中那个完美的女孩了，随着她年龄的增长，有很多比她年轻的明星涌现，她的知名度开始下滑。而且还有人批判她，说她只会演一种角色，没有演技，大家都看腻了。受到这样的评论，女孩非常气愤，她付出了很多才得到了这一切，别人有什么资格对她指指点点？

愤怒的女孩当即发文回击，没想到，因为她的文章，大家一边倒地开始批判她，说她不谦逊，说她耍大牌……

因为这些原因，女孩的一些合约不得不中止，因为她不再是大家喜欢的明星了。女孩接不到工作，也没有人跟拍她了。女孩不明白，自己曾是众星捧月的明星，为什么现在自己却一无所有了呢？

"欲戴皇冠，必承其重。"这是人人都明白的道理。我们每个人生来都有一些隐藏的天赋，而我们用它换取名利的时候，就应该要考虑到结果。说到底，名利不过指间沙，是虚无的东西。如果有一天，你的名利没有了，那么你曾经为了名利付出的一切，还有价值吗？

不是说我们不能拥有名利，只是我们不能只看重它。如果我们没有做好失去名利的准备，那么不如一开始就不要去追逐。

历史上，那些智者从来都视名利为浮尘。

居里夫人是举世闻名的科学家，她一生中获取了无数的荣誉，但居里夫人从来没有将这些当回事。

有一次，居里夫人的一个朋友去她家拜访，看到居里夫人的女儿竟然在摆弄一枚奖章。仔细看了之后，朋友大吃一惊，原来，那是一枚英国皇家学会颁发的奖章。

朋友不禁问道："居里夫人，这不是您最近刚刚获得的奖章吗？这么重要的东西，怎么不摆进橱窗里，而给孩子当玩具摆弄呢？"

没想到居里夫人一点都不着急，笑了笑，说道："没关系，不过是一枚奖章。我就是想让我的孩子知道，荣誉不过是玩具，没必要永远守着它，否则将一事无成。"

我们都知道，居里夫人是镭的发现者，但是她却买不起这种物质，镭非常昂贵。有一次，她应邀去美国，美国的一个组织为了表达崇拜之情，捐赠了一克镭给居里夫人。正巧，当时居里夫人的一项研究正需要这些。她非常开心。但是在看到《赠送证明书》的时候，她又有些不满意了，原来，上面写着"赠给居里夫人"。

她马上告诉对方："这个证书需要修改。赠送的这一克镭应该是给科学的，而不是给我个人的，这样写，它就成了我的私人物品了。"

主办方听后非常震惊，没有想到居里夫人竟然如此不在意名利，他们马上道歉，并请来律师对证明进行了修改。当然，居里夫人的高尚人品也在美国乃至全世界传开了。

居里夫人理应拥有名利，但她却从来没有依赖过自己的名利，因为她将这些看得很淡，她看中的是自己的成绩，而不是这些虚无缥缈的东西。但是，能够做到这一点的人实在太少。

淡泊名利是一种境界，追逐名利是一种贪欲。有才华的人不一定就要拥有盛名。名利虽然虚无，但它却是人生最大的一剂麻药，稍有不慎，便会沉醉其中，当梦醒之后，才发现自己的人生已经在追名逐利中荒废了。

淡泊名利的时候，才更能够冷静地去思考。在盛名之下，我们往往会倾尽全力去保护那些虚名。此时，名利就成了负担。人生就像是登山，登得再高也没用，我们最终还是要下山的。所以别再为了名利付出一切，珍惜自己所拥有的，接受眼前的幸福，人生才不会荒废。

泰然处事，幸福自然来。

/ 幸福，由知足开始 /

人生的幸福之处在哪里，我们往往不能很快地回答，但是痛苦来自于哪里，我们却非常清楚。痛苦，往往来自于不甘心、不知足。不管我们拥有什么，都觉得还不够，于是一味向前冲，最终绕了一圈才发现，其实我们需要的东西很简单。

比如，我们年轻的时候想要享受生活，却觉得拥有的太少，所以努力去赚钱，努力向上爬。然后到我们有了钱也有了闲的时候，才发现，其实我们生活所需无非一日三餐、吃饱穿暖、快快乐乐。

难道一定要绕一个大圈才能明白吗？不如从现在开始就学习惜福、知足，那么幸福便开始了。

人心不足蛇吞象，若是我们欲壑难填，那么幸福永远也不会光顾。

有一次，张果老路过了一个村子。他看见村里有一对年迈的夫妇在路边卖水。张果老上前讨水喝，闲来无事，问道："你们的日子过得如何？"

老翁摇了摇头，说道："过得不好，因为太穷了，不得不卖水。"

张果老看着白发苍苍的老夫妇，心生怜悯，便决定帮他们实现一个愿望。于是他说道："那你们有没有什么愿望？"

"卖水不挣钱，如果能有一个酒摊，日子就好过了。"老妇人想了想说道。

张果老告诉他们："你们村旁边有一座山，在山顶上有一块状似猴子的石头，那里有一个泉眼，不过已经被泥土封住了。那是酒泉。你们到那里去将泥土清理掉，就能够卖酒度日了。这个葫芦也给你们，你们装满一葫芦，就能够卖上一整天。"说着，张果老给了他们一个葫芦。

老夫妇再三感谢。第二天一大早，他们就赶紧上山，按照张果老的指示找到了石头边的泉眼。花了大半天清理干净后，果然泉眼中涌出了香甜的美酒。他们非常开心，马上将葫芦装满了。回到村子，他们开始卖酒，就像张果老说的那样，一葫芦酒恰好能卖一天。

从此之后，他们便每天去那里取一葫芦酒来卖。日子比之前好多了。

这样过了一年，张果老又来到了这个村子，他看着老夫妇的酒摊，问道："现在日子是不是过得很好了？"

老头点了点头，说道："嗯，也不能说很好，还过得去吧。可惜没有酒糟，要是有了酒糟，就能省下猪饲料钱了。"

听了老头的话，张果老失望地摇了摇头，说道："天高不算高，人心比天高。清水当酒卖，还嫌没有糟。"说完之后，他便离去了。第二天老夫妇上山，发现泉眼已经干枯了，从此再也没有美酒涌出来。

贪婪、不知足，往往会让我们得到也不懂得珍惜。就像故事中的老夫妇一样，生活明明已经变好了，却仍旧不知足，最终只会失去一切。

人生是追求的过程，但是我们不能只是一味追求更高更远的目标，而忽略了眼前的幸福。追求一个又一个的幻想和憧憬，只会让我们在疲惫中丢失幸福。当然，我们并非圣人，难以心静如水。不过，知足也并不意味着我们要浑浑噩噩度日，放弃追求和奋斗。只是我们要放平心态，乐观地面对生活中遇到的各种困难，不苛求、不强求，凡事别太较真，才能把握属于自己的幸福。

有一对贫穷的夫妇，他们唯一的财产就是一匹马。

一天，老头拉着马去了集市，准备换一些有用的东西回来。刚开始，他用马换了一头牛。走着走着，有人拦住他，对他说："请问你愿意用你的牛换我的山羊吗？我家孩子没有奶喝，我急需一头母牛。"

老头想想，山羊有羊毛，也不错，于是就换了。没走多远，又有一个人拦住了他，说道："你愿意用你的羊换我的鹅吗？天气冷了，我需要织一件毛衣。"

老头想想，鹅也不错，鹅绒同样可以做衣服。于是他答应了对方的条件。他没走多远，又被一个人拦下，那个人想用母鸡换他的鹅。老头心想，鸡蛋的味道也不错，便答应了。最终，他还是没能将母鸡抱回家，因为半路上有人用一袋苹果换走了母鸡。

老头走到村口，坐下休息，正巧有两个商人路过，他们便闲聊了起来。得知老头的遭遇，两个人哈哈大笑，说老头回去肯定会被妻子大骂一顿。没想到老头却肯定地说不会，于是他们打赌，如果老太婆没有生气，就给老头一袋金币。

回到家，老太婆忙迎接他，问他赶集的经过。

"我用马换了一头牛。"老头说道。

"太好了，以后我们有牛奶喝了。"

"后来我用牛换了羊。"

"那也不错，以后咱们就有毛衣穿了。"

"可是羊也被换走了，换了一只鹅。"

"鹅毛不错呀！"

"我又用鹅换了鸡。"

"以后每天都有美味的鸡蛋吃了！"

"最后，我用鸡换了这个。"老头说着，拿出了那袋苹果。

"哦，太好了，今晚我正巧要做苹果馅饼呢！"老太婆高兴地说道。就这样，商人愿赌服输，给了他们一袋金币。

所有的事情都有好与不好两面，我们看到好的那面，自然就快乐。知足就是这样的道理。即便我们失去了一些东西，只要我们看着自己有的东西，那么失去就没有什么不能接受的，我们依旧过着我们的生活，我们依旧可以幸福快乐！

生活是一种态度，如果我们觉得一无所有，那么就只能在悲观绝望中度过；但若是我们像老夫妇那样，接受结果，珍惜拥有的，那么幸福便由此开始了。

/ 人活一世，知己难求 /

人生的路，只能靠我们自己走。一路上，我们孤军奋战，此时，最渴望的就是能够有人做伴，至少可以倾诉我们的烦恼和忧愁。然而，不是所有人都能够遇到这样的一个人。朋友我们可以有很多，但能够倾诉真心的知己，又有几个？

俗话说得好："人生得一知己，死而无憾。"可见，知己不是每个人都有机会遇到的。

如果你有一个知己，那么就应该要满足了，因为你拥有人生中最大的一笔财富。我们的一辈子，父母、伴侣、儿孙都算在内，也未必有一个能够成为知己。知己是千金不换的。

朋友，是我们人生路上的一盏明灯。我们如果拥有一段友谊，那么就需要珍惜。友情，是不能够用金钱来衡量的。当然，我们想要维系友情，要付出的是同样的情感，而不是那些庸俗的物质。

在薛仁贵尚未得志之时，与妻子在一个破窑洞艰难度日，衣食没有着落，家里经常揭不开锅，幸好他的好朋友王茂生经常接济他，薛仁贵才没有被饿死。后来，薛仁贵从军打仗，跟随唐太宗御驾东征，在与辽国作战之时，奋勇杀敌，能征善战，因其战功显赫被封为"平辽王"。凯旋后，满朝文武纷纷前来祝贺，但薛仁贵两袖清风，对众官的贺礼婉言谢绝。

王茂生也来送礼，礼单上写的是"美酒两坛"，薛仁贵很高兴地收下了，因为以前要是没有王茂生，他连饭都吃不上。下人打开酒坛后大吃一惊，原来坛中装的并非是酒而是清水，这不是存心戏弄王爷吗？但薛仁贵不但没有生气，反而令人取来大碗，当众饮下三碗清水，以示对旧友的珍惜。他对前来的官员说："昔日我落拓之时，没有王茂生的帮助，就没有我的今天。想当年王兄弟贫寒，也要省下一份口粮给我们啊！如今他仍过着贫苦生活，即使清水也是他的一番心意，我一定笑纳。这就是君子之交淡如水。"此后，薛仁贵与王茂生关系更加密切，二人的友谊也被百姓称颂。

真正的朋友，是不会计较付出与收获的。虽然王茂生送给薛仁贵的只是清水，但其中的情谊却是比水浓了不知多少倍。真正的朋友就是如此，不会因为你的优秀而忌妒，也不会在你面前觉得低你一等。真正的朋友，是经得起一切考验的。如果，你有这样的一个朋友，那么可以说人生圆满了。

美国政治家杰里米·泰勒说过这样的一句话："友谊是我们哀伤时的缓和剂，激情的舒解剂，是我们压力的流泻口，我们灾难时的庇护所，是我们犹疑时的商议者，是我们脑子的清新剂，我们思想的散发口，也是我们沉思的锻炼和改进。"

很多时候，朋友之间也会有矛盾，这时我们要这样想：朋友的伤害是无心的，而关怀却是真心的，这样才能和朋友快快乐乐地相处。既然千金难换一知己，我们就更应该经营好这份难得的友谊。

如果为一些小事斤斤计较，对朋友的好却视而不见，只会弄得彼此心情烦闷。对待朋友的过失，我们要善于忘记，但也要意识到一时的冒失可能给对方带来伤害，所以，在珍惜朋友之时要宽以待人，严于律己。

有个男孩脾气很急，经常向朋友发火，最后很少有伙伴和他一起玩。爸爸知道后就给了他一盒钉子，让他每次和人吵架后在门前的树桩上钉一根钉子。第一天，男孩放学到家后钉了六根钉子，慢慢地，他也试着控制发脾气，钉的钉子也日渐减少，因为他觉得控制发火要比钉钉子容易些。终于有一天，男孩回家后一根钉子也没钉。爸爸表扬了他，然后鼓励他继续坚持：以后，如果有一天没和人吵架，就从树桩上拔下一根钉子来。一段日子后，钉子被男孩拔光了，爸爸指着满目疮痍的树桩对他说："孩子，你的确进步了。可你看看树桩上的痕迹，这些小洞是永远不会复原了。就像你和朋友吵架时出言不逊，他的心里也就留下一道难以愈合的伤口。"

朋友，就是那个从不关心你飞多高，而只关心你飞得累不累的人。知己是无可替代的。就像普希金说的那样："不论是多情的诗句，漂亮的文章，还是闲暇的欢乐，什么都不能代替亲密的友情。"

如果你有这样的一段友谊，那么就用心去对待吧，因为你是世界上幸运的一小部分人！

第八辑

你对世界张开双臂，

总会有人来拥抱你

　　有人说，人生来就是孤独的。这话不假，我们想要成功，都只能自己默默努力。但我们还有自己做伴，我们可以时常与自己进行一次灵魂上的对话。或许，你拒绝灵魂深处的那个自己，因为他不够完美，或者你有自己想要隐藏的一面，但是，如果你连对自己都不能真诚以待，那么茫茫人海中，我们还能相信谁呢？

　　虽然我们时常一个人，但并不是孤军奋战，只要我们卸下心防，张开双臂，总会有温暖来拥抱我们。

/ 我不完美又如何 /

一名渔夫出海打鱼，在收起渔网的时候，他意外地发现，渔网里有一只巨大的蚌。渔夫很开心，马上用刀撬开蚌，没想到，更大的惊喜还在等着他呢——蚌里有一颗巨大的珍珠。

这可是野生的蚌，这样大的一颗珍珠，肯定能卖上一个好价钱！渔夫非常开心，拿着珍珠仔细观察。看呀，这么圆润又朦胧的色泽，只有天然的珍珠才有，这种手感……等等，珍珠上怎么有一个黑点呢？这个发现让渔夫马上不高兴了。本来是颗大珍珠，却有了瑕疵，肯定就不值钱了。

渔夫很是气恼。回到家后，便把珍珠拿给妻子看。妻子看后，想到了一个好办法，她建议道："反正这个黑点不大，珍珠又这么大，咱们刮下一层，把黑点刮掉，不就没有瑕疵了吗？"

"对呀！我怎么没有想到。"渔夫听了妻子的话，茅塞顿开，马上拿起刀，刮起了珍珠。可是一层刮掉之后，珍珠上的黑点还在。渔夫想，那就再刮上一层吧，反正珍珠这么大，都已经刮了一层了。于是他又刮掉了一层。可是这个黑点依旧顽固地长在珍珠表面。

就这样，渔夫想着，反正都已经刮掉了，就继续刮吧，最后大不了刮成一颗普通珍珠的大小，也是能够卖钱的。可是让渔夫没有想到的是，他刮到最后，黑点没了，珍珠也成了一堆粉末。

每个人都有缺点和错误，如果厌恶自己的缺点和错误，就会对自己不满意。一个有智慧的人，就应该接纳自己的缺点和错误，接纳一个不完美的自己。完全地接纳了自己就能看清自己的不足，从而加以改正。试想，自己都不接纳自己，却还指望父母、亲戚、朋友、恋人、爱人来接纳自己，从他们那寻求安全的避风港和知心小屋，会是什么样呢？只能让你心灰意冷地去感叹世态的炎凉、人情的冷漠，或者被自己的缺点和错误困扰。

人们都祈求完美，希望自身冰清玉洁，这种愿望是正当的。但是，他们内心的完美是什么？恐怕连他们自己也没弄清楚。再者，就是盲目地或者按照别人的言行来塑造自己，结果，扔掉了一些他们原本可以拥有的东西，使自己的完美掉进迷雾里。

我们应该明白，优点与缺点，长处与短处，都是相比较而存在的，即便是大家公认为最好的，也不等于是完美的。维纳斯女神正因为其断臂的不完美，才有更深沉的诱人魅力。

我们不要被完美所束缚，但是自我完善还是很有必要的，也是人生的必由之路。人只有靠自己才能真正摆脱束缚，才能真正体会尊严，才能真正了解人生。

我们或许幻想过有贵人相助，或者依靠自己的朋友和亲人，希望能够从别人那里找到突破口。但那不是真的强大，也不是真正的自己。

我们要过我们的人生，别人也不过是站在别人的角度给一些建议，并不能够让我们变得强大。

我们可以不完美，但是不可以不强大。不要以为夸大自己的不足是一种谦虚，这只会让你觉得自己越来越差，越来越倒霉，最终只会顾影自怜，哀叹自己没有显赫的家庭，没有强壮的身体，没有过人的智慧，没有过硬的文凭，没有糊口的技能，没有令人羡慕的岗位……这样，只会把自己看得一无是处，整天沉浸在痛苦之中。

娄萧出生在一个普通工人家庭，她没有显赫的家世，长得也一般，就连学习成绩都没有比别人好，这让娄萧非常自卑，她觉得自己一无是处，总想着从哪里可以改变自己，让自己变成一个完美的人。同宿舍的同学们有的长得漂亮，有的家庭条件好，有的学习成绩优异，她们深得老师喜欢。

娄萧为了能够完美一些，制订了一个非常严苛的"完美计划"。她没日没夜地泡在图书馆里学习，几乎到了废寝忘食的地步。不过在她看来这样做的利远远大于弊。因为她不仅成绩上去了，还因为这样瘦下来了，这样她都不用去运动减肥了，多好！

不过，她这张平凡的脸实在不配自己的身材，想到这，娄萧便下定决心，一定要改变自己。她开始四处打工攒钱，然后去医院整了容，将自己觉得不满意的地方全部整了。当她重新出现在朋友们面前的时候，大家几乎认不出她来了。这时的娄萧看上去漂亮又精致。

这应该是完美的人生了吧，娄萧想，但是，几年之后，她就发现自己做错了太多事。她在本该学习的时候去打工，废寝忘食，让她的身体变得不好了，而且整形的后遗症也日渐凸显……

有些事情就是如此，我们觉得自己制订了完美的改造计划，却被现实狠狠地甩了一巴掌。这个世界是美好的，但是我们在爱这个世界之前，是不是应该先给自己一点爱呢？我们想要有更好的生活，想要出人头地、叱咤风云，这都不是错。但我们要明白，不是完美的我们才配拥有这一切。

什么样的自己才是完美的？没有答案。我们不完美又如何？不完美就没有得到更好生活的资格吗？像娄萧那样做，真的值得吗？我们不接受自己，不爱自己，谁还会真的爱我们呢？想让周围的人和环境接受自己，我们就要学会敞开心扉，给自己一个大大的拥抱。

要相信，不完美的我们也是有闪光点的。接受真实的自己，才有勇气接受真实的一切。活出真实的自己，才能活出快乐的人生。

/ 拥抱孤独，才能感悟人生 /

人究竟是群居动物还是独居动物，这个问题很难得到一个确切的答案。说我们是群居动物，但我们从出生开始，就走着自己的人生，没有人能够和我们成群结队一起走；可若说我们是独居动物，脱离了社会和团体，我们又无法独活。

所以，在不同的环境下，我们也需要不同的状态。我们需要集体，因为一个人难成大事，但是我们也不能就此放弃孤独。虽然孤独听上去是一个有些凄凉的词，但我们需要孤独，孤独是我们的一种权利。

因为孤独，我们才能够真正静下心来思考，才能沉下心来与自己交流、了解内心、及时反省。

有一个艺术家，他创作的作品总是能够带给人们一种惊艳的感受。他是大家眼中的明星。在大众眼中，明星的生活应该是精彩纷呈的，每天在聚光灯下微笑，参加各种各样的酒会，肯定会有非常热闹的生活。

但是，直到有一天，这个艺术家的朋友写了一本书，大家才真正了解这个艺术家过的生活。原来，他过的生活和大家想的都不一样。

他深居简出，就连他的朋友都时常联系不上他。艺术家的行踪总是"神龙见首不见尾"，很难确切地了解到他的行踪。

"你难道不给他打电话吗？打电话多容易。"在新书发布会上，一个读者问道。

"说出来你或许不相信，他根本就没有电话。"艺术家的朋友有些无奈地笑了。

"那么你在他家门口守着，总能等到他回来吧！"这个读者不甘心，继续出谋划策。

"他想出现的时候，自然就会联系我了。他有各种联络我的方法。但是我没有联系他的方法。如果我没有找到他，那就是他不愿意见客的时候，我也没有必要自找没趣。我也正是因为了解他，并尊重他，所以才是他的朋友。"艺术家的朋友说道。

后来，一次偶然的机会，这个读者得到了艺术家作品展的邀请函，他见到了艺术家。想起和他朋友的对话，读者问道："您的朋友说您想出现的时候就会出现，不想出现的时候您一般都待在哪里呢？"

"这就不一定了，可能四处游荡，也可能就待在家里。"

"那您的朋友运气真不好，他在书中说上你家找你十次，十次都没有见到你。"读者撇了撇嘴。

"不，有时他敲门的时候我在家。"

"您的朋友一点怀疑都没有吗？"读者感到不可思议。

"不，他知道我在家。我没有开门，就证明我那时不想见客。所以他就回去了。"艺术家笑了笑。

"您这么做的目的是什么呢？"

"我啊，我在享受孤独。"

看到这里，你或许会问了，孤独，也是能够享受的吗？答案是肯定的，在这个纷纷扰扰的社会当中，我们每天穿梭在人群之中，耳中是各种各样的声音，多到我们来不及思考，就顺着别人的思路走下去了。越是这种时候，孤独便越可贵。

我们应该明白，孤独的人并不可耻，孤独也不是隔绝世界，没有朋友，而是在适当的时间里，给自己一个单独的空间，去思考一下人生，去思考一下自己。

我们翻阅历史，就会发现，那些成功的文人和艺术家都是孤独的，他们保持着思想的独立，不受外界的干扰，因而才创作出了举世闻名的作品，他们的作品才能在纷繁乱世中脱颖而出，成为一个时代的符号。

电影《梅兰芳》当中有这样一句话："谁要是毁了他的这份孤独，谁就毁了梅兰芳。"一个伟人，要有脱离现世的思想，如此超脱，才能有所突破。我们也是一样，想要给自己一个最好的定位，那么就要学会寻求一个孤独的空间，享受孤独带给自己的安宁，进而停下匆匆的脚步，聆听自己的心声。

孙乐乐从小就是一个品学兼优的好孩子，小时候是班里的优秀生，长大了又进入了名牌大学，大学毕业后进入了知名企业。孙乐乐的朋友曾经问过她是怎样成功的，孙乐乐却回答不上来。因为她也不知道自己是怎样走到今天的，她只知道，自己是随大流走到今天的。

小时候父母告诉她要努力学习，周围的同学学习，她也这样做；报考大学专业的时候，她看大部分同学都报考工商管理，她也毫不犹豫地报考；大学毕业之后，同学们争先恐后地往名牌公司投简历，她也赶紧跟上队伍……

以至于得到一切之后，她都不知道自己究竟在做些什么。当然，孙乐乐并没有混日子，她每天都努力工作，也得到了不错的成绩，但是她依旧很迷茫，不知道自己想要的是什么。迷茫让她感到焦躁，和同事之间的关系也降到了冰点。慢慢地，她的业绩也不再提升了。

在这样的情况下，乐乐的老板给她一周休假时间，认为她太辛苦了。可是休假要去哪儿呢？乐乐不知道。她上网去搜热门景点，看着景点图片上熙熙攘攘的人群，她就觉得烦躁。于是干脆关掉电脑，在家安安静静地待上几天好了。

让孙乐乐没有想到的是，第一天她很焦躁，但第二天她就莫名其妙地平静了下来，而且看了一本买了很久都没有时间看的书。饿的时候她就买菜自己做饭，而不是像工作时那样，买外卖来吃。这样平静又孤独的环境，让乐乐的心情转而变好了。平静下来之后，她开始思考，自己这些年究竟都做了些什么，又有什么目标。

最终，乐乐意识到，自己现在的一切其实都不是她想要的。察觉到这一切，没有等到上班，她就递上了辞呈。然后带着相机去各地旅行，在网上写一些暖心的文字。几年之后，她的游记出版了，她成了一名自由职业者。

如果没有孤独围绕，孙乐乐或许会在原来的工作中蹉跎一辈子。

当她与孤独相拥的时候，反而找到了自己的人生目标。其实，每个人都有迷茫的时候，之所以迷茫，是因为不知道自己究竟在干什么，这种时候，我们就应该找孤独商量一下。

生命有时在于静止，在我们盲目奔跑的时候，自以为向着一个目标，实际上是在浪费时间。不如停下来，和孤独做一次深谈，在冷静与安然中找到真实的自己，然后调整步伐，重新出发。

即便我们做着自己想做的工作，偶尔也要给自己一个孤独的机会，就当是给自己放一次假，扔掉烦恼和忧愁，享受一个人的美好时光。

/ 我就是我，是颜色不一样的烟火 /

　　小时候，爸爸妈妈告诉我们，要成为一个什么样的人，然后我们就向着那个目标去努力；上学之后，我们观察周围，发现什么样的人比较受欢迎，于是我们又一次开始包装自己；进入社会，求职的时候，我们发现说什么样的话容易成功，于是我们又开始让自己变成另一副模样……

　　我们在成长的过程中，给自己戴上了太多层面具，有的戴得太久，让我们甚至于忘记了自己的本来面目。想想我们小的时候，曾经的自己是什么性格，再看看如今，早已经相距甚远了。因为我们在成长的过程中，随着时间的逝去，被生活的河水磨砺得圆滑、世故，就如同天然的石子被溪流磨去了棱角一般。

　　我们习惯于在心里反驳别人，表面上却仍旧保持着彬彬有礼的微笑。看着周围的成功人士，会不自觉地模仿……这就是人与人之间的同化作用。但是，我们独特的一面又在哪里呢？真实的我们难道就真的那么不值一提吗？

　　马家村是远近闻名的芦柑产地，那里土壤肥沃，阳光和雨水都很充足，种出来的芦柑饱满多汁，酸甜可口。很多外地人都不远万里地来这里进货。为了满足销量，马家村几乎家家都种了一片柑橘。

有一年，一个人突发奇想，既然种芦柑可以饱满多汁，种梨子应该也很美味，毕竟这里环境好。于是那一年，他没有种芦柑，而是种了梨子。到了收获的季节，外地的经销商来这里进货，看到了又大又优质的梨子，二话不说，高价买了回去。

村民们看着这家人大赚一笔，都有些眼红。于是那一年，村里几乎家家户户都砍掉了芦柑，改种梨子。可是种梨子的那家人却砍掉了梨树，重新种上了芦柑。

原来，他种梨子只是一次实验。这里的环境并不适合种梨子，虽然他的梨子长得不错，但是他付出了比种芦柑多很多倍的心血，与其如此，还是"循规蹈矩"比较好。

又一年过去了，大部分家庭的梨子都不够理想，个不大，而且皮厚。马家村本就是芦柑产地，所以经销商络绎不绝地到这里买芦柑，因为只有一家种了柑橘，所以供不应求，他家的柑橘又卖了高价，这让所有村民都傻了眼。

没有人规定阳关道就是一条好走的路。大路自然平坦，但竞争也多，小路固然曲折，但自己一个人走，说不定能够更快地到达终点。做事尚且如此，做人就更应如此了。我们为什么一定要效仿别人呢？做自己不好吗？

就像故事里那些盲目跟风的村民一样，为了跟风，失去了独特的优势。每个人的人生路上都有不一样的风景，我们为什么非要去觊觎别人的呢？我就是我，世界上仅此一个，不管别人评价如何，都不应该让自己抹杀自己的存在。我们没有资格，别人更没有资格。

他是他，你是你，我是我，这是没有可比性的。在一个国家里，有文将，也有武将，大家各司其职才能保证社会正常地运行。同样地，我们也在社会上充当着某种角色，如果我们非要去扮演另一个人，那么结果就是你浪费了上天赋予你的天赋和才华。

想想那些才华横溢的艺术家吧，没有一个人的风格是一样的，正因为他们有着自己独特的风格，才能引领一个时代。也正是这些独特性，才能让人一眼便认出是谁的作品。举例来说，梵高的《向日葵》可以说是非常特殊的一幅作品，在当时，没有人用这样浓烈的色彩堆积成画，而他偏偏这样做了，这不是那个时代流行的画风，但他的作品却就此留存于世。

即便你的风格现在不被认可，但不代表永远不被认可，自己去开拓一条属于自己的路就好，相信自己，学会欣赏自己，你才能真正找到属于自己的人生。

纽约的一所学校里，老师在做着一项特别的调查。他将同学们一个个叫到讲台上，分给他们一个上面写着"欣赏自己，我很重要"的蓝色缎带。老师不厌其烦地帮学生将缎带别在胸口处。然后多给了学生们几个缎带，告诉学生们，希望他们能够将蓝色缎带传递给自己感谢的人。

班里的一个孩子找到了一家公司的主管，因为这个主管曾经帮助他完成过课外实践。他如实相告："我们在做一项活动，就是将这个蓝色缎带传递给自己感谢的人，然后还要给他多余的缎带，让他继续传递下去。现在，我能为您戴上吗？"学生说得郑重其事，这个主管庄严地接受了缎带，看上去就像在授勋一样。

主管回到公司，将其中的一枚缎带交给了他的老板。实际上，主管的老板是一个脾气不好的人，大家和老板相处都是战战兢兢的。不过老板是一个非常有才华的人。主管将缎带的事如实相告，问老板愿不愿意接受这枚缎带胸针。

老板惊讶了一下，但马上就接受了，和主管一样，他非常认真地配合着主管，将缎带戴到了自己的胸口。同样地，老板也得到了多余的几枚胸针。

老板那天回家后，吃过晚饭，便将自己的儿子叫到身边，拿出了一枚缎带胸针，说道："孩子，爸爸为你感到骄傲，也非常感谢你。我不是一个合格的父亲，因为工作而时常不能陪在你身边。但你一次抱怨都没有，我非常感谢你，也尊敬你，你是我最爱的人。"说完，老板就将胸针戴到了儿子的胸前。

看着胸前的胸针，儿子哭了，他说道："我本来计划明天自杀的，因为我觉得在家里没有存在感，谢谢你，爸爸，谢谢你欣赏我。"

"不，孩子，你应该欣赏你自己。"

这世界上再没有比欣赏自己更美好的事情了。我们是如此地特别，不是吗？不管我们现在是否身居高位，我们对于自己的人生而言，都是最重要的，都是无可替代的。我们就算有缺陷，也不失独特的魅力。所以，不要让自己紧闭心门，接受自己的真实，相信自己。我就是我，是颜色不一样的烟火。

/ 成功是不可复制的 /

我们看过太多成功人士的故事了，在他们的故事当中，我们了解到，想要成功，就要先吃苦，没有波折，就要创造波折……这似乎成了成功的一种定式。但是我们经历的现实似乎又很难和故事相匹配，于是我们苦恼，为什么无法取得成功。其实，最主要的原因是我们忘了，成功是不可复制的。

成功是无法复制粘贴的，每个人都有不一样的人生轨迹，遇到的也是不同的困难。所以我们无法将自己完全代入成功人士的案例中。我们每个人都在演着自己的剧本，可是我们往往为了能够照本宣科，便按照别人的剧本涂涂画画，最后改得一团糟。没有人能够代替我们，我们也不能复制那些伟人的故事，不是世界不接受我们成功，而是我们从出生那一刻开始，就已经有了自己的人生。

我们之所以不成功，是因为我们自己还没有接受自己的剧本。其实，我们的人生如何经营，全在于我们的选择，无论选择台前还是幕后，都有成功的道路。可是，我们却贪图太多台前的鲜花和掌声，所以不愿意接受幕后的分工，努力地模仿着别人，想要有一样光鲜的舞台。

　　有一位女孩，她是一个出租车司机的女儿。她在很小的时候，就被周围的人认定有很高的歌唱天赋，她对于声音的把握非常的精准。女孩从小的梦想就是成为一名出色的歌唱家，但是上天给予她美丽声音的同时，也让她有一些缺陷，那就是她的一张阔嘴和一口龅牙。

　　在一次公开唱歌的比赛中，为了显示自己的魅力，她一直努力用上嘴唇盖住自己的龅牙。这样，使得她在唱歌的时候非常滑稽可笑，最终，她的首次登台并没有得到观众的认可，她失败了。在比赛结束后，她还一个人沉溺在失败的阴影之中。

　　但是一个资深的音乐人在听完她的演唱后，认为她很有天赋，也具备很大的潜力。在经过短暂的交流之后，音乐人坦率地告诉她："我看到了你在台上的表现，知道你在试图掩饰什么，你讨厌自己的牙齿，可是，你唱歌时大家听的是你的声音，和你的牙齿有什么关系呢？不要刻意去掩饰什么，大胆地放开喉咙唱，只要你用心歌唱，观众就会喜欢你的。"

　　这个女孩接受了音乐人的建议，在唱歌的时候不再去想自己的牙齿。站在舞台之上，她关心的只是自己能不能唱出自己的水平。最终，这个女孩实现了自己的梦想，成为了一名歌唱家。

　　我们认识不到自己的价值，那么就找不到实现自己价值的路。只有做回自己，做真正的自己，你的价值才不会被轻易否定。每个人都是这个世界上独一无二的存在，要想获得最后的胜利，就必须植根于自己独特的个性。忽视自己的个性或者故意掩饰自己个性的行为，终将一事无成。每个人都有着自己独一无二的标签，而这个标签就是我们与他人区分开来的标志。

如果我们刻意地去模仿谁，那就是东施效颦了。

英国著名喜剧大师卓别林在刚刚进入演艺圈的时候，他最开始的想法就是模仿当时一位成名已久的喜剧大师的表演方式。尽管在一段时间里，他绞尽脑汁、煞费苦心地学习和模仿，但是自己却迟迟没有突破和作为。在整个戏剧圈里，卓别林的名字就像很多不知名的演员一样，湮没在庞大的从业人群中。

后来，卓别林开始思考，自己是否应该有一种不同的风格。他开始找自己的闪光点，终于，夸张的表演和特殊的动作，组成了他独一无二的表演风格，也正是这种独一无二，让他成了有史以来最伟大的喜剧明星之一。

我们有缺点，我们有与众不同之处，我们要接受这一切，才能像卓别林一样，摸索出属于自己成功的那条路。如果我们总是试图模仿别人的成功，那么最终我们也只会淹没在人群中。

坚守自我并不是自以为是，故步自封，而是针对个人的特性，想出一个适合自己、能够展现个人才华的方式。一个人不可能成为别人，更没有必要成为别人。走自己的路不是一件容易的事，可是相较于逼迫自己走别人的路，似乎又容易许多。

我们需要承认，每个人都有不一样的人生轨迹，我们也应该摸索出属于自己的那一条，不要去管其他，即便是用和别人相反的模式，也不能说明你一定会失败。就算自己选的道路充满了坎坷，我们也不能否认自己，因为那是自己的选择。

/ 自以为是的固执，只会让我们举步维艰 /

成功应该具备的要素实在是太多了，坚持就是其中之一。但是，我们有时把握不好这个度，就走进了死胡同，变成了固执。坚持是不撞南墙不回头，固执是撞了南墙也不回头。坚持是一种态度，而固执则是一种愚蠢。

我们自卑固然不应该，但是极度自信到自负，同样也是过了界。当我们自负的时候，做错了也不愿意承认，仍旧硬着头皮往前走，最终将自己逼进了死胡同。其实，何必这样在乎所谓的面子呢？我们要敞开心扉面对自己，就要接受自己的一切，好的与不好的。如果我们意识到走错了路，那就及时补救，而不是抱着所谓的"尊严"义无反顾地继续错下去。

理想和现实是有一定距离的。我们的理想，应该要随着现实而不断地进行调整。我们脚踏实地地活着，就应该为现实付出努力，而不是抱着不切实际的幻想。

聪明的人与愚蠢的人的区别也就在此：前者懂得变通，知道何时该坚持，何时该放弃，何时该改变；而后者只懂得顽固地坚持，一成不变地固守。审时度势，懂得变通，才是打开心门，接受自己和现实的开始。学会站在其他角度看问题，我们才不至于举步维艰。

从前，有一个渔夫，他有着高超的捕鱼技艺。有一次，他和朋友闲聊，朋友说："听说现在墨鱼的价格很高，要是能够捕到墨鱼，真是赚大了。"

"这有什么难的，不就是捕墨鱼吗？我就捕给你看看，我保证，一条其他的鱼都不会有，我明天带回来的都是墨鱼！"渔夫拍着胸脯保证。朋友哈哈一笑，便当玩笑话过去了。

不过渔夫可不认为这是个玩笑，第二天一大早他就出发了，他决定今天只捕墨鱼。他凭借着高超的技艺，果然大获丰收，不过捕上来的都是螃蟹，没有墨鱼。渔夫想，我说了只捕墨鱼，带回螃蟹算是怎么回事？于是他将所有的螃蟹都放了。

没想到市场千变万化，他刚靠岸，才知道今天螃蟹价格很高，正好朋友看到他空手而归，便询问怎么没有捕到鱼。渔夫说："我今天捕到了好多螃蟹，不过因为我说了只捕墨鱼，所以就把螃蟹都放掉了。"

"骗人，你就吹牛吧。"朋友同样哈哈一笑，当作一个笑话。但是渔夫不这么想，他说道："我说的都是真的，你别不信，要不然我明天就捕回螃蟹给你看！"

第二天，渔夫又出海了，这次，他没有捕到螃蟹，而是捕到了很多墨鱼。但是他想到自己的诺言，渔夫又把墨鱼都放了，自然又是空手而归。可是刚回到岸上，就发现今天墨鱼大卖，而他的朋友，又笑话他空手而归。

渔夫暗下决心，明天不管捕到螃蟹还是墨鱼，都要带回来。结果，到了第二天，他捕到的全是带鱼。这次渔夫又果断地空手而归了，因为既不是墨鱼，也不是螃蟹。可是他到了岸上，发现今天带鱼大卖……

当我们自以为是地固执时，往往会进入一个怪圈，走不出来，就像渔夫一样。其实他每次都有收获，但却因为固执而失去了所有机会。人生在世，如果不懂变通，那么就无法应对风云突变，无法应对眼下风云莫测的大环境。

其实，这个道理很多人都明白，只是很少有人能够做到，因为人们难以分清什么时候该坚持，什么时候该放弃。所以二者择其一，最终选择无理由地坚持，而这样自然容易作茧自缚，将自己困在自以为安全的蚕茧中，被束缚了手脚，也被束缚了思想。

固执往往会有一个不好的结果，当结果已定时，你会发现曾经自以为聪明的决定实则愚蠢至极。为什么一定要到那个时候再去发现呢？就算过去曾经做过固执的事情，但今天开始你可以选择改变，这样才能顺应环境，才能掌握真正的生存之道。

我们是应该活出自我，但不代表只有自我，敞开胸怀接受自己只是第一步，我们还要学会接受共性。这个社会有时需要弯腰低头，若是固守着一份不该有的崇高，那么最终只能被生活打败，剩下的就只有委屈和抱怨了。

吴芳是重点大学的高才生，不过毕业之后她和所有人一样，仍需四处投简历求职，不过吴芳并不担心，她有着很强的自信和优越感，她相信，以自己的实力一定能够得到一份好工作，就和所有的应届毕业生一样。不过，吴芳决定，自己要做最真实的人，绝对不会为了混迹职场而戴上虚伪的面具。

一开始，她的求职并不顺利，四处碰壁，要么是因为她的要求太高，要么就是工作要求相关的经验。终于，最后她找到了一家公司，参加了面试。在面试之前，她的朋友劝她，面试的时候要说一些场面话，这不是虚伪，而是入职的敲门砖，但吴芳极为不屑。

面试那天，除了她之外，还有另一个女孩，吴芳去得比较晚，到那之后，女孩已经在那和部门主管聊上天了。吴芳在一边看着，觉得女孩非常虚伪，她总是说一些对方喜欢听的话，虽然有些话是事实，但她就是觉得女孩在刻意讨好对方。她冲着女孩狠狠地瞪了一眼，似乎在鄙视对方。

到了吴芳面试的时候，主管微笑着说道："不好意思，久等了，请坐。"吴芳礼貌地点了点头就坐下了，连个微笑也没有，她觉得现在她并不想给这个主管虚伪的笑。因为看主管的心情明显是因为刚刚面试的那个女孩而变得很好。

面试没有什么不顺利，但是也没有什么特别，主管问了吴芳一些问题，吴芳则中规中矩地如实回答，多余的话一句不说。所以她的面试很快就结束了。吴芳凭借着自己过硬的实力，获得了这份工作，而让她不舒服的是，那个女孩也同样获得了工作岗位。而且和女孩一起入职的那一天，主管看到女孩就高兴地笑了，态度也很热络，对吴芳则一般。

虽然女孩对吴芳示好地笑，但是吴芳仍旧一脸不屑的样子。入职之后，吴芳就闷头扎进了工作里，和周围的同事没有过多的接触，她觉得搞人际关系的职场最虚伪了。一段时间过后，那个和她一起入职的女孩和周围的同事打成了一片，半年之后，女孩升职了，而吴芳仍旧是一个普通的职员。

不过吴芳一点都不觉得自己做错了，反而更加鄙视女孩，认为女孩是凭关系升职的。

在这个社会中，仅仅凭借一个人的能力是难以获得最佳成绩的，身在职场，需要和周围的人配合。然而吴芳却固执己见，不懂变通，因而她的实力在职场上没有得到最大限度的发挥。职场也是生活的一部分，不管是工作还是生活，我们都应该找到一种合理的方式，虽然自己有自己的方式，但如果这个方式不适合，我们就要学会反省，学会变通。

放下不必要的固执吧，坚守不该坚守的原则，只会把自己逼向死路。打开心门，感受全世界，才能拥有无限广阔、自由的天地。

/ 淡然面对嘲讽，笑一笑又何妨 /

打从我们降生的那一刻开始，人生便开始了。我们自此便义无反顾地开始了一段旅程。人往高处走，水往低处流，无论是学习还是工作，我们都希望能够拔得头筹，至少要对得起自己的努力，不枉费自己的期待。

然而，我们获得成绩，或者还没有成绩的时候，并不是所有人都是支持我们的。社会相对而言，比自己的小圈子要复杂得多，有人看不惯你的做派，有人嘲笑你的梦想和你得之不易的成绩，这些虽然是不公正待遇，但它却真实地存在着。

面对各种嘲讽，你要如何做？其实，我们大可不必理会，将说出这些话的人当作无聊者，自己并非是对方生活中的主角，所以对方也不过是闲来无事找事消遣罢了，既然如此，我们就更没有必要把他们的嘲讽放在心上。如果我们因为对方的嘲讽面红耳赤，那无异于中了对方的圈套。

当然，有时人们并非是恶意攻击我们的，可能仅仅是因为个人看法的不同，价值观不同，进而与我们的看法产生分歧，可能表现出来的就是一种嘲讽。不过，我们完全没有必要因此而气恼。别人否认我们、嘲笑我们，那是对方的事，我们可以用事实证明自己。

尤其在职场上，也许你做得很好，对方嘲讽可能出自于忌妒，这种时候，我们何不报以微笑，以幽默化解一切呢？

美国政界有一位名叫康德的人，他是美国政界举足轻重的人物。所谓人红是非多，他也不例外，位高权重的他，时常让他的竞争者们感到忌妒不已。

有一次，他举办一次重要的演说，但是，在演说之前他因为一些事情不得不去乡下一趟。因为事情比较烦琐，所以处理这件事花了他很多时间，直到演讲开始前他才赶回来。赶回来的他甚至没有时间洗澡换衣服，只能灰头土脸地直接上了台。所以，他的形象多少有些狼狈。

此时，一个议员见他这副样子，便语出不逊，讽刺他道：“看来康德刚从伊利诺伊州来，让我们欢迎我们的新客人，不知道你的口袋里是不是装着满满一口袋的燕麦？”

任何人都能听出这其中的火药味，但是康德并没有生气，而是笑了笑，不紧不慢地说道：“这位议员说得确实没错，我的口袋里装着满满一口袋的燕麦，不仅如此，我的头发里还藏了不少菜籽呢！我现在的形象就是标准的西部乡间人，我们那里多半都是灰头土脸的人，不过，我们的燕麦和菜籽总是能够长出非常优良的幼苗来！”

就这样，康德化解了一个小危机，而他这几句朴实的回答，令他的名字传遍了整个美国，而且因此得到了一个“伊利诺伊州的菜籽议员”的昵称。

　　其实，在职场中我们也时常会遇到来自对手的嘲讽，与其和对方争论，不如一笑而过，这样一来，对方也自然觉得无趣了。敌手在嘲讽你的时候，如果你生气了，那无异于正中对方下怀，何不微笑着离去，留给对方一个潇洒的背影呢？

　　对于来自他人的恶意嘲讽，我们是无法通过行动改变对方对自己的看法的，所以这个时候我们可以选择不在意，选择笑着面对。这样一来，对方的话就伤害不到我们，而我们也得到了真正的宁静与快乐。

　　身在职场，总有那么多的身不由己，即便我们不愿意和竞争者一决高下，竞争的事实仍旧存在。我们能够做的是不去嘲讽别人，但并不能阻止别人嘲讽我们。面对这些人，如果我们较真，那么只会有无穷无尽的烦恼。

　　别人嘲讽我们，我们可以换一个角度来看待问题。为什么周围那么多人，偏偏自己成为了目标呢？卡耐基曾说过"从来没有人会踢一只死狗"，所以，当我们被竞争对手笑话、挖苦的时候，也证明了你的能力，对方或许是出于妒忌才这样做的。如此看来，便容易咽下这口气了。

　　当然，我们可以无视对方的嘲讽，但那是我们的大度，而不是软弱。

　　海涅是世界闻名的大诗人，他的诗句为他带来了荣耀，也为他带来了名声。然而，这样一个受人尊敬的大诗人，也曾受到过别人的攻击。

　　有一次，海涅应邀参加一个晚宴。在这个宴会上，好多人都前来和他打招呼，还有人敬酒。就在气氛正好的时候，一个微醺的商人不怀好意地靠近了海涅，在众人面前，他这样说道："跟你们说一个好玩的事情。我上次在途中发现了一个岛，你们知道吗，这个岛上有一件非常奇怪的事。"他一边说一边看海涅。

海涅自然地接过话题，问道："什么奇怪的事呢？"

"那个岛上竟然没有犹太人和驴子！"商人说完哈哈大笑，挑衅般地看着海涅。周围的宾客都倒吸了一口气，觉得气氛会变得尴尬，因为海涅正是犹太人。大家想象着，海涅会动怒反击还是愤然离席，就在大家都紧张的时候，海涅却非常平静。

他笑了笑，温和地说道："哦，是吗？看来咱们得结伴去一次了，这样这个岛就没有缺陷了。"

嘲讽，通常会给我们带来不舒服的感受，可是就算我们怒火冲天，也不能够让对方收回这句话。如果因为对方的言语攻击就付诸武力，或是想办法报复，那么在别人看来，是一种小气又无能的行为。所以，我们完全可以有风度一点。只要我们不生气，既不要躲避，也不要恼羞成怒，友好一点，淡然一些。

/ 把上司的苛刻转化为你工作的助力 /

现实生活中，几乎每个员工对自己的老板都有话说。有的上司比较和蔼，有的上司则比较苛刻。没有人愿意遇到一个苛刻的上司，因为每个人都想拥有一份轻松的工作。可是，我们如果真的想要成功，能够轻松吗？

选择了一份职业，就要接受这份职业带来的一切，包括一个苛刻的上司。接受了，我们就能不去分散精力抱怨这些，就能全身心投入工作，奋力向前，实现自己的目标。接受不了，那么我们就会进入一个消极情绪的怪圈，最后迷失在其中。

张凡上学时是一个安安静静的男生，毕业之后，他进入了一家公司，做了总裁助理。这个让所有人眼红的职位，却成了张凡手中的烫手山芋。

张凡入职的第一天就被总裁批评了。其实，张凡觉得错并不在自己。客户到公司谈工作，本应该是秘书沏茶的，当时秘书没有时间，也没有跟张凡说让他帮忙，所以张凡自然没有去做这些他认为是工作之外的事情。就因为这样一件事，总裁就批评了他，说他工作不积极。

张凡心里觉得委屈，但是他忍住没有说什么，他想，自己刚入职，慢慢就会习惯了。

第一天就这样过去了。可是接下来的几个月，对于张凡来说不但没有习惯，反而越来越难以接受了。周末总裁要加班，那是总裁的事，为什么非要让他也加班呢？而且还要求他在周末做报表。这并不是必须做的工作啊！又不急，工作日做为什么不行，一定要周末做出来呢？

这样的日子让张凡觉得很累。不仅如此，总裁还老让他跟着销售部经理跑市场，让张凡觉得自己腿都要断掉了。别人说自己是"空降兵"，可张凡一点都不这么认为，哪有"空降兵"有自己这么累的呀？受人非议不说，连总裁都刁难他，最终，忍受不了的张凡选择了辞职。

其实，上司不会刻意地刁难我们，如果上司对我们真的很苛刻，那我们应该感谢，因为上司对我们苛刻，往往意味着他对我们有所期待。

故事中的张凡觉得上司对他苛刻，但从另一个角度来看，又何尝不是一种培养呢？对于一个大学毕业的人来说，工作经验不足，上司给他机会跑市场，长经验，让他周末加班多学些东西，实际上都是在培养他，如果张凡领会了上司的苦心，那么他会很快成长起来，当他拥有和职位匹配的实力之后，自然不会再有人说他是"空降兵"了。

说到底，我们能不能成功，有一部分原因就是我们是否能够接受上司的严厉指导。没有人能够入职就成为上司。一个久经职场的人，一个有专业技能、一个行业领先的人才有资格成为领导。而领导如果对你有所要求的时候，那么你将成为无比幸运的人，因为你得到了学习进步的机会。

陈风大学没有毕业就进入社会工作了，他能做的事情不多，陈风很明白，想要成功，就要付出比别人更多的努力。为此，陈风寄出了很多求职信。

有一家公司给他发了面试邀请，陈风非常高兴。不过，面试的过程并不怎么顺利。面试的时候，一个姗姗来迟的考官随意地落座，看了一眼他的简历就扔到了一边，问道："我们公司最基本的要求是本科毕业，你没有毕业，而且学的专业也不对口，你觉得你到我们公司可以做些什么？"

面对这样不礼貌的提问，陈风并没有生气，而是答道："我知道自身有很多不足，但是我能够吃苦，我愿意通过自己的努力弥补这些。我觉得我可以做一名销售，我善于与人打交道，而且我能够承受压力。"

陈风说完，接下来其他的考官提了一些问题，那名考官没有再说话。过了一周，陈风接到了录取通知，他非常高兴。他马上到公司人力资源部报到，果然，如他期望的那样，他进入了销售部。不过也有不够幸运的事情，那就是那天那位不礼貌的考官就是销售部经理。

销售部经理好像看陈风特别不顺眼，总是针对他。不仅陈风，连其他的同事都看出来了。比如给客户送资料这样应该秘书干的活都交给陈风干，还经常让陈风去做市场调查，客户不满意的时候也让陈风去道歉，指使陈风干这干那，尽是些很难很累的活，而经理就在办公室里动嘴皮子。陈风谈得差不多的项目，经理才出面，出面直接签约，功劳也都成了经理的了……

　　有些同事替陈风抱不平，但陈风并没有当回事。他觉得自己既然是员工，那么就应该服从领导安排。就这样，陈风努力做好经理安排下来的每一件事。而不知不觉中，他也能处理各种各样的问题了，成了经理的助手。当经理升职之后，销售部经理的职位便交给了陈风。

　　后来，经理才告诉陈风，原来经理自己也是大学没有毕业，所以看到陈风就像看到当初的自己，给他安排的各种麻烦事，也都是为了锻炼他，让他接触工作的全部流程。

　　不得不说，陈风是幸运的，他遇到了一个好上司。虽然看上去好像给了他不少难题，但实际上都是对他的培养。好在这份苦心没有白费。

　　如果你遇到了苛刻的上司，别觉得委屈，那是上司看中你才会对你特殊要求。古人云："天将降大任于斯人也，必先苦其心志，劳其筋骨，饿其体肤，空乏其身。"有多大的梦想，就要承担多大的压力。这是必然的。

　　不要总觉得是给老板工作，我们是在给自己工作。这样一想，就没有什么苦是不能接受的了，我们所承受的一切，都是为了有更加灿烂辉煌的明天。

第九辑

改变，
从停止抱怨开始

每天，我们都会遇到各种各样的事情，有些事情难免让我们觉得碍眼。但抱怨又能够解决什么呢？它既不会影响别人的生活，也改变不了自己的现状。

　　既然如此，试着接受如何？接受那些自己看不过眼的事情，然后从中寻找自己想要走的路。接受自己的不甘心，转化成奋斗的动力。只要从现在开始，停止抱怨，我们新的人生，就此开始。

/ 抱怨，是心灵挣不开的枷锁 /

有一年，智者招收了一批新的弟子。他给新来的弟子们下达了一个任务，就是在每年年底的时候，总结一下一年中最难忘的事。

一年的时间过去了，智者问一个小弟子："你今年最难忘的事是什么？"

小弟子想了想，说道："床太硬了。"智者没有说什么，只是点了点头。

转眼，又一年过去了，智者问道："你今年最难忘的事情是什么？"

"吃得实在是太差了。"小弟子这次没有想很久，直接说道。智者又点了点头，仍旧没说什么。

到了第三年年末，智者又问道："这一年你最难忘的事情是什么？"

"我每天都在想回家，不想在这待下去了。"这次小弟子想都没想，直接答道。智者仍旧点了点头。小弟子离开后，智者叹气道："心中有魔，安不下心。"

所谓的"魔"，就是小弟子心中的诸多抱怨。

我们每天都会听到各种各样的抱怨，有人抱怨天气，有人抱怨交通，似乎只有抱怨，才是情绪的唯一发泄口。然而，抱怨并不能让说的人心情轻松，也不会让听的人身心舒畅。既然如此，为什么要抱怨呢？

抱怨似乎就是这么神奇的东西，它存在于我们生活的每个角落，我们甚至会去寻找那些让我们不满意的东西，然后抱怨，越说心里越不舒服，痛苦与我们就像蚌和沙一样互相折磨。

有一天，神出于好奇，找来很多动物，询问他们如何看待自己这一世，如果有来世，他们又渴望变成什么。

老鼠说："如果有来世，我想做一只猫，这样我就不用再冒着生命危险去偷食物，还有主人养着，好吃好喝。"

猫说："如果有来世，我要做一只老鼠。这样我就可以肆无忌惮地偷美食了。不会因为偷吃了一口主人的食物就被打。也不用辛辛苦苦地工作来讨好主人。每天除了大吃大喝就是休息了。"

猪说："如果有来世，我要当一头牛。这样我就不会总是被人们当成傻瓜和懒虫的代名词了。就算辛苦一点，得到的也都是美名。"

牛说："如果有来世，那么我要当一头猪，不用每天辛辛苦苦地工作，只要吃了睡，睡了吃就行了，要多轻松有多轻松！"

鸡说："如果有来生，我想做一只老鹰，这样我就可以随便地捕食地上奔跑的鸡，每天在天空中飞来飞去，再也不用报晓，也不用担心被天上的老鹰捉了吃，或是被主人宰了吃了。"

老鹰说："如果有来世，那我要当一只鸡，每天只要报晓，有主人喂养，有自己的窝，再也不用像现在这样漂泊，为了寻找食物而飞很远了。"

女人说："如果有来世，我要做男人，这样我就可以不用做家务，可以当帝王，当王子，当父亲，我可以脾气不好，可以蛮横，可以四处去探险。"

男人说："如果有来世，我就要做女人，这样我就不用努力工作养家，我可以当公主，当太太，生完孩子休息很久，不用工作，只需要撒娇、邀宠。"

神听完，叹了口气，说道："为什么大家都只是看着别人的光鲜，自己的不堪呢？总是抱怨今生，来世又怎么可能丰富充实呢？"

生活中从不缺少美，缺少的是发现美的眼睛。习惯于抱怨的人总以鸡蛋里挑骨头的姿态去评判周围的一切，总能够绕过美好去看那些不好的东西。通过万花筒看世界，自然能够看到变幻无穷的美；而通过污秽的窗子看世界，自然看到的只有污秽。到底你的生命画布如何着色，要看你拥有一颗怎样看待世界的心。不抱怨，把天地装在心中，就能看见自然的美。

在抱怨的时候，我们总是理直气壮，觉得自己说得句句在理。可是，就算我们说得是对的又怎样呢？还不是被抱怨所控制、所支配？其实，抱怨是我们心灵的枷锁，而我们手中也有一把打开它的钥匙，只是我们从来没有想过去打开。

每个人都有自己抱怨的事情，似乎每个人都理直气壮，但正因为这种不觉有错的态度，让我们被抱怨控制，难以有所成就。

抱怨是无能之人的托词和借口，真正的强者会用豁达的心去解开心灵的束缚，拥抱这个世界，会用自己的能力改变眼前的困境和诸多不满。如果你想要幸福，那么，就从停止抱怨开始，打开心灵的枷锁，还自己一个自由的灵魂吧！

/ 命运不公，抱怨无用 /

　　生活中有太多太多不公平的事情了，面对不公平，我们产生了各种抱怨。其实，抱怨也不过是显得自己更无能罢了，对于现状，什么都改变不了。而且抱怨会让我们习惯于将所有不能成功的责任都推到命运身上，如此反复，就成了恶性循环，抱怨着命运不公，却又在不公中越走越远。

　　众所周知的罗斯福总统，是美国历史上深得民心的一位总统。单看他的地位和成绩，或许有人又要抱怨命运不公了，为什么偏偏他成了总统呢？但是如果看了他的成长史，你就不会抱怨了。

　　罗斯福小的时候并没有什么显赫的身世，他和所有普通的小孩一样，在一所普通的学校里上学。但是他又和普通的小孩不一样，那就是他有一口龅牙，这让他时常被同学们嘲笑。因为龅牙的原因，他咬字不清，说出话来也被同学模仿嘲笑，因此他尽可能不说话，时间久了，他对说话产生了一种恐惧心理。

　　每当上课老师要他回答问题的时候，小罗斯福都是一脸惊恐，身体止不住地颤抖。但是当看到他的龅牙之后，所有的同情都会变成笑声，实在是太好笑了。或许笑的人并没有恶意，但是对于一个正在敏感期的小孩来说，这是非常恐怖的一件事，他不敢交朋友，也不敢轻易说话。

但是小罗斯福并没有因此而放弃自己，他决定通过自己的努力去扭转这种先天的不公平。他开始练习说话，为了咬字清楚，他将石头含在嘴里一遍遍地朗读课文，为了克服内心的恐惧，他咬紧牙根，紧握双拳来抑制身体的颤抖。最终，他凭借自己坚强的意志克服了胆小和咬字不清的缺陷。

他日后能成为总统，也和他的这份坚韧分不开。

先天条件让罗斯福没有享受到公平，但是他并没有因为这种不公平就放弃自己的人生，反而他战胜了这种不公。当我们看到罗斯福的成绩时，没有人会想起他的一口龅牙。我们抱怨命运不公，只是因为我们没有得到理想中的生活，但是从自身来反省，难道我们就一点责任都没有吗？

石头掉在石头堆里，自然难以找出，而金子掉到石头堆里，一眼就能看到。所以不要抱怨上天不公，从自身找问题吧。罗斯福也没有享受到命运的公平，但是他却明白凭借自己的努力可以为自己找到公平，为什么我们却要陷在抱怨的怪圈里任自己沉沦呢？

命运确实有失公允，但是上天从我们这里拿走了什么就会从别的地方给予我们什么。我们出身不如别人，那么我们就有了磨炼自己的机会。其实，公平与否，在于我们看不看得开。与其颓废抱怨，也不能改变现状，何不看开一点，接受这种不公平，往好的方面去努力呢？

在英国伦敦的街头，有一个穿着破烂的孩子，他叫法拉第。虽然生活在繁华的伦敦，但他的栖息地却是一个破旧不堪的马棚。为了谋生，法拉第每天都去街上卖报纸，小小的身躯要背起重重的一大摞报纸。一份报纸只卖一便士。他就凭借这些维持生活。剩下的时间，他就在书商那里做学徒。

有一次，他在装订《大不列颠百科全书》的时候，无意间瞥到了一篇关于电的文章，在别人眼里看来枯燥无味的东西，却深深地吸引了法拉第。他甚至忘记了装订，将整篇文章一口气读完了。读完文章之后，他对里面那神奇的实验非常感兴趣，于是他到垃圾堆翻找到玻璃瓶和旧的平底锅，开始了实验。

一位顾客注意到了法拉第，他觉得一个孩子对科学有这样的热忱十分难得，于是他通过自己的关系将法拉第带到了著名化学家弗莱·戴维的讲座会场。弗莱的讲座深深地吸引了法拉第，听完讲座之后，他鼓起勇气给弗莱写了一封信，将自己听课的笔记也一同交给了弗莱，希望弗莱能够帮自己审阅一下。

这件事仅仅过去一天，幸运就降临了。就在法拉第准备睡觉的时候，弗莱的仆人驾着马车来到了法拉第家门前，并带来了弗莱的亲笔信。信中说法拉第如果对电感兴趣的话，可以去弗莱的家。

法拉第兴奋得一夜没睡，第二天一早，他就去拜访了弗莱。一开始，他为弗莱清洗实验仪器，搬运设备工具，这些对于法拉第而言，是他梦寐以求的工作。当弗莱进行危险性测试的时候，法拉第又总是一脸渴求地看着实验的每一个步骤，看着弗莱的一举一动。

　　法拉第的热忱深深打动了弗莱。一段时间过后，弗莱给了法拉第做实验的机会，并传授了他不少知识。法拉第也非常争气，他凭借着自己的勤奋和努力，研究出了不少成果。而最终，法拉第成为了一位知名的科学家，还成为了伍尔韦奇皇家学院的教授。

　　法拉第从未抱怨过命运的不公，而是把握住一切可以把握住的机会，扭转了自己的命运。其实，所谓命运，并非是生下来便注定的，而是我们通过长时间地努力和积极拼搏的结果。抱怨无用，唯有坦然面对，付出努力，才会争取到我们渴望已久的东西。

/ 既然已经发生，那就接受吧 /

时间是最神奇的东西，它没有尽头，也永远不会回头。在时间的长河中，我们何其渺小。每当我们不愿意发生的事情发生的时候，我们都会懊恼不已。但懊恼也不能改变已经发生的事实。无法改变，那么接受就好。

在一个高中课堂上，老师带来了一只做工精美的玻璃杯。杯子晶莹剔透，折射着太阳的光泽。同学们虽然不知道老师要用它做什么，但都静静地观赏着。

就在大家都沉醉其中的时候，老师一扬手，玻璃杯一下掉到了地上，应声而碎。同学们无一不发出了惊呼声。

老师装作失误的样子，说道："这么漂亮的玻璃杯碎了。"

马上有同学接话道："真是太可惜了。"

"这么精美的杯子您怎么不小心一点呢？"

老师示意大家静下来，说道："你们说得没错，我应该在拿它的时候小心些，但现在杯子已经碎了，我们继续讨论也不能让它恢复原样。我希望大家以后遇到无可挽回的事时，想想这个碎掉的玻璃杯。"

人生是张单程票，走了就不能走回头路。任何我们经历过的都会留在时间长河里，我们可以让它沉淀，却没有能力逆流而上，改变一切。我们也该记住碎掉的玻璃杯，当霉运当头，或是我们做错什么事的时候，我们最好第一时间找到弥补的办法，如果没有办法，那么我们就要选择接受，选择释然。

不要在已经发生的事情上浪费时间，更不要把时间浪费在抱怨上。时间走得太快，在快节奏的生活当中，每天都可能发生一些我们不想看到的事情。既然回头抱怨没意义，那么不如向前看。

我们如果抱着一颗乐观的心去看待周围的一切，那么就没有什么事情是值得我们抱怨的了。

塔金顿是美国知名小说家，他有着一颗乐观向上的心，但这并不代表他什么都能接受，他曾说过："我可以忍受一切变故，除了失明。我绝不能忍受失明。"

然而，有时生活就是那么戏剧化。偏偏塔金顿在 60 岁那年，发现自己的视力退步得厉害。先是看不清地毯的颜色，后来就演变成了地毯上的图案都看不清了。他马上找到医生检查。医生检查过后，给了他一个非常残酷的回答："我很遗憾，塔金顿先生。我想您即将失明了。现在你的一只眼睛视力已经退化到失明，另一只眼睛在不久的将来也会看不见……"

在很早以前塔金顿就说过，他什么都能接受，唯独不能接受失明。然而有一天他却面临失明。所有人都在想，塔金顿会不会就此结束生命。让人想不到的是，塔金顿并没有如曾经自己说的那样，结束自己的生命，而是很快就接受了这个现实。

生性幽默的他，还时常调侃自己："哦，今天这个大斑点又在我眼前晃悠了，不知道它今天是想要到哪儿去。"不过这样的幽默感也没有持续很久，因为最终他连眼前浮游般的斑点都看不见了。不过塔金顿还是非常乐观，他说："我连失明都接受了，应该没有接受不了的变故了。"

为了恢复视力，塔金顿接受了眼球手术。这种手术只能局部麻醉，痛苦是不言而喻的，而且这种手术一年中他做了 12 次。即便是这样的痛苦，塔金顿还是乐观地接受了，他还和同病房的病友开玩笑，说道："真没想到，现在的科学已经发展到能够给眼球这么小的器官做手术了。"

塔金顿说自己接受不了失明，但是当失明真真切切地发生在他身上的时候，他接受了。可见，我们所谓的不能接受只是逃避和恐惧，该发生的仍旧在发生，发生后与其抱怨，不如坦然接受，然后走下一步路。

当然，接受事实不等于默认不幸对我们的折磨，只要能够挽回，我们还是要尽全力挽回的。不能挽回，那么我们就丢掉过去，继续前行。方法有很多种，不管我们选择哪一种，都要记住，抱怨，不是解决问题的方法。

/ 面对批评，抱怨不是最好的回答 /

小 D 大学毕业后找到了一份销售工作，他知道销售不好干，但从来没有想过做销售不仅要受客户的委屈，受上司的委屈，还要受同事的委屈。因为小 D 是新人，所以上司给他安排了一个老员工带他。

本来小 D 还很开心，但是没多久他就后悔了。每天老员工对他吆五喝六不说，不是他的责任也要往他的身上推。比如两个人一起出门去见客户，资料一直是放在老员工那里的，可是老员工忘记带了，在客户面前老员工赔礼道歉之后直接批评起了小 D，说道："你是怎么做事情的，不带资料来要做什么！"

结果反而是客户替他说话解了围。小 D 回到公司之后，嘟着嘴跟同事抱怨，觉得老员工是故意针对自己。不仅如此，不是小 D 分内的事，老员工也交给他做。有一次，上司吩咐老员工做一份报表，老员工看时间很紧，就交给了小 D，那个时候已经是下班时间了，小 D 直接回了家，想第二天再做。第二天他还专门早到，希望早一点完成，没想到刚到公司就迎来老员工劈头盖脸一顿训斥。

小 D 虽然低着头，但是嘴巴却嘟嘟囔囔的，满心不忿。明明就不是他的工作，却要他来做不说，下班时间自己回家还被批评了，真是没天理。老员工见小 D 一脸不服的样子，批评完就没有再说什么。从那以后，老员工也没有再给小 D 分配过什么重要的工作。

没有人愿意听批评，大家都喜欢听好话，但现实不一定如我们所想。比如我们做了错事，那么受到批评就是理所当然的。这种时候，我们应该要虚心接受对方的批评，而不是通过抱怨反唇相讥。

不过大部分人通常都做不到。因为我们每个人都有自身防御机制。当遭受攻击的时候，我们会出于自我保护而进行反击。但是别人批评你的目的不是为了要吵架的。而且对方批评我们，那证明对方看中我们，如果连批评都听不到了，那么我们的存在感也接近于零了。

金无足赤，人无完人，我们都会犯错，在错误面前，有人愿意批评我们，那证明我们是幸运的。因为批评不是恶意的攻击，而是为了提点我们，警醒我们。从另一个角度来看，批评是对方对我们的一种帮助。

所以，在我们面对别人的批评时，应该报以感激的心态去接受，而不是反唇相讥，或是在背后抱怨。如果对方批评了我们，我们在背后抱怨不休的话，那么你大可以放心，对方永远不会再批评你第二次，因为对于一个不知冷暖的人来说，没有批评的价值。

在这个世界上，没有人是没有遭受过批评的，再伟大的人物，也不免会犯错。而对于这些伟人而言，即便没有犯错，即便是恶意的人身攻击，他们也会坦然接受，从中寻找原因，进而不断调整自己，让自己变得更加优秀。

美国华盛顿总统曾被人攻击是"骗子"、"仅次于谋杀犯的罪人"；美国总统杰斐逊曾被人形容是"最没有资格当选总统"；战功赫赫的格兰特将军也曾遭受恶意的诋毁……这些人即便受到了不公正的批评，仍旧能够坦然接受，我们遭受的那点小批评，又有什么好委屈的呢？

聪明的人懂得从积极的方面看待批评，即便是不公正的评价，也可以当作是警醒自己的标杆。

我们从美国海军陆战队的史密德里·柏特勒将军等人的经历中可以得到启示。

史密德里·柏特勒是美国海军陆战队将军。这样的一个头衔，应该没人敢批评他才对，但事实并非如此。虽然大家可能不敢当着他的面说他的不是，但在背后没少议论他。这让柏特勒非常不舒服。

他从小就崇拜英雄，渴望成为一个真正的英雄，而英雄理应是受人们爱戴的，但是他却并不受欢迎，至少没能给人们留下好印象，否则恶名也就不会那么多了。一开始，他听到别人对自己的一点点非议都会难过半天，难过的时候甚至想要把说自己的那个人揪出来，狠狠教训一顿。

他每当听到批评自己的话，都非常气愤，他在屋子里踱来踱去，不停地发牢骚。但是慢慢地，他习惯了，冷静下来的他开始思考。自己抱怨也不会阻止这些话出现，而且会给对方更多的谈资。既然别人议论自己，不管是不是恶意攻击，都证明自己有问题需要反思。

从那之后，再听到议论自己的话，柏特勒就开始反思，果然找到了存在的问题。找到问题之后，他不断调整，修正自己的行为。几十年的历练，让他不再惧怕批评甚至是诋毁，即便对方说他是毒蛇，他也淡然一笑，思考毒蛇有什么特质和自己相似，进而找到自己的问题所在。

再后来，即便别人在他耳边说他的坏话，他也不会抬头了，只是根据对方的话去思考，自己是不是又哪里做得不好了？就这样，慢慢地，再也没有人说柏特勒的坏话了。

通常批评都是空穴来风，即便对方的语言犀利了一些，话语难听了一些，我们都要控制住自己的情绪，找到背后隐藏的真正问题，进而解决。仅仅是觉得对自己不公平，抱怨是解决不了问题的，反正不改正就会一直遭受批评。

当然，并不是说别人批评了我们，我们就理应道歉，在道歉之前，我们应该先分析对方的话是否正确，如果确实是自己做得不好，那就应该感谢对方；如果其中有什么误会，那就要解决误会；若是完全没有原因地诋毁我们，那我们就没有必要去理会了。

批评，将它看作是对自己的不公，那么我们就会对它产生抵触心理，但若是换一个角度看，看成是对方对我们的帮助，那么就能够坦然接受。别因为别人的一两句话就生气抱怨，真正的成功人士，应该首先有一颗海纳百川的包容心。

/ 世界那么大，你不妨改变一下自己 /

曾有一个人说过这样一段话："年少时的我轻狂、踌躇满志，那时，我的梦想是改变这个世界；随着年龄的成长，我发现世界太大了，而我太渺小了，我办不到，于是我的梦想变更了，我想要改变自己的国家；当我步入中年，意识到国家凭我一己之力也难以改变，于是我想要改变我的生活、我的家人；当我到了垂暮之年，发现家人仍旧是他们本来的样子，我终于明白，我能改变的就只有自己。"

和这个世界相比，我们如此渺小，又如此平凡。我们渴望生活得到改变，说到底，也不过是改变自己周围的小圈子，没有任何一个人拥有改变世界的能力。

但是，有些时候，我们却觉得自己和周围的一切都格格不入。每当这种时候，我们想要逃避，或是抱怨上天，抱怨命运。当然，结果不会有任何改变。这种时候难道我们就要接受这样的结果了吗？

不，我们是要接受改变不了世界这个事实，但并不代表我们要接受失败，接受现状。其实，我们完全有另外一条路可以走，那就是改变自己。

据说，鞋子是印度人发明的。很久很久以前，人们都不穿鞋子，是光着脚走路的。有一天，古印度的一个国王要到远方去旅行，离开宫殿的他发现路面全是坎坷不平的石头，硌坏了他的脚。国王这才知道，原来不是所有的路都和宫殿中的路一样平坦。

想到自己脚疼，再联想到国家的百姓每天都要在那样硌脚的路面上行走，国王决定要为百姓做一件大事。思来想去，终于有了办法。于是国王下令，收集全国的牛皮，然后将国家的所有道路上都铺设好牛皮，这样一来就不用担心硌脚了。

这是一个办法，但也是一个浩大的工程，耗时耗力，还要花费大量的金钱。而且要寻找那么多牛皮也并非易事。这时，一个大臣有了新的办法，他建议国王道："陛下，铺设牛皮为的只是保护我们的脚，我们何不将小块的牛皮绑在脚上呢？这样一来，不会硌脚，也剩下了不少钱。"

大臣的话让国王恍然大悟，于是下令让人做了一双厚底的牛皮鞋。从此以后，皮鞋就慢慢传开了。

改变大环境是一件非常困难的事情，国王都难以做到，我们更难以去实现。之所以想要改变，无非是因为环境和个人不匹配，我们只要做到协调，问题就得以解决，既然如此，我们为什么要费尽心力去想怎么改变环境呢？改变自己才是最容易的事情。

其实，我们的改变也是世界的改变，就像用牛皮做鞋子一样，任何事情都是有内在的联系的。我们通过改变自己，进而影响身边的人，扩散到更大的圈子，最终世界也将发生变化。这就是蝴蝶效应。当世界发生了变化，说不定我们就是改变世界的源头呢！

所以不要总是抱着人定胜天的想法，费尽心力去做一件难以成功的事情，从自己开始，以身作则，世界也将慢慢发生改变。

据说变色龙的祖先是不会变色的。

很久很久以前，有三只绿色的变色龙，它们生活在同一片森林里。虽然森林里环境不错，但是也潜藏着危机，说不定哪天猎食者就盯上它们了。于是，三只变色龙聚到了一起，讨论起了藏身的办法。

第一只变色龙说："我觉得咱们是绿色的，但是现在是秋天，周围都是枯黄的树叶，咱们难以隐藏。唯一的办法就是把这一片森林重新染绿。"

第二只变色龙不同意，说道："改变森林这个想法太宏大了，实在难以施行。我们何不试着改变自己呢？"

第三只变色龙听了又摇了摇头，说道："改变自己太辛苦了，咱们不如去找一片还没有枯萎的森林，这样我们就能很好地藏身了。"

三只变色龙看法不同，都坚持自己的办法是最好的。最终，三只变色龙分道扬镳，按照自己的想法展开了行动。第一只变色龙开始四处寻找绿色的东西来装点森林，但是它忙了很久，也没有什么效果，就在它搜寻绿色东西的时候，被天上盘旋的老鹰发现，成了老鹰的盘中餐；第三只变色龙找到了一片还没有枯萎的森林，然而没过多久，那片森林的叶子也开始变黄了，它不得不再一次踏上了寻找的旅途；而第二只变色龙，每天都在思考自己要怎么隐身，终于发现了改变自己肤色的办法，于是，它依旧安然地生活在那片森林中。

　　生活就是如此，自己有了改变，周围的一切也都有了改变。可是，很多时候我们更像是第一只变色龙，总是企图去改变周围的一切，当发现不可能之后，就抱怨事事难做，在抱怨中荒废了时间。

　　改变自己，如此简单的解决办法却时常被我们忽略掉。看看周围那些幸福的人吧，他们并不是改变了自己生活的环境，而是接受环境，调整自己，让自己更适合环境，只要我们和环境相融，那么幸福自然而然就来敲门了。

　　要记住，世界那么大，我们不妨改变一下自己。

图书在版编目(CIP)数据

接受,是变好的开始 / 晓艾著.—北京:中国华侨出版社,
2015.10 （2021.4重印）

ISBN 978-7-5113-5733-5

Ⅰ.①接… Ⅱ.①晓… Ⅲ.①成功心理–通俗读物
Ⅳ.①B848.4–49

中国版本图书馆 CIP 数据核字(2015)第248713 号

接受,是变好的开始

著　　者 / 晓　艾

责任编辑 / 叶　子

责任校对 / 王京燕

经　　销 / 新华书店

开　　本 / 670 毫米×960 毫米　1/16　印张/16　字数/203 千字

印　　刷 / 三河市嵩川印刷有限公司

版　　次 / 2015年11月第1版　2021年4月第2次印刷

书　　号 / ISBN 978-7-5113-5733-5

定　　价 / 45.00 元

中国华侨出版社　北京市朝阳区静安里 26 号通成达大厦 3 层　邮编:100028

法律顾问:陈鹰律师事务所

编辑部:(010)64443056　　　64443979

发行部:(010)64443051　　　传真:(010)64439708

网址:www.oveaschin.com

E–mail:oveaschin@sina.com